JN173272

電子工作
パーフェクトガイド

伊藤尚未 著

はじめに

　電子工作というとなかなか難しいものと思われがちです。確かに電流の計算や部品の選定など、難しい部分もありますし、ハンダづけなどテクニカルなことにもトレーニングと慣れが必要です。このことを考えると「電子工作は簡単です！」と胸を張って言えるものではありません。

　しかし、ひとつひとつ分解し、論理的に考えるとそれほど難しいことではありません。電流の数値もオームの法則に従えば計算できますし、部品の説明書を見るポイントがわかれば選定もできます。ハンダづけにいたっては子供でも数分でコツをつかんでしまうこともあります。

　豆電球を乾電池につないで光らせた経験が多くの方にあるかと思いますが、電子工作の最初はこれです。非常にシンプルな回路です。「電子」「回路」などという言葉で拒否反応をしてしまう方も中にはいるかもしれませんが、怖がる必要はありません。やることはコードをつなぐだけですから。

　本書を手にとってパラパラと見られた方は、電子工作に少しでも興味があると想像します。「パーフェクトガイド」というタイトルですが、世の中のすべての電子工作を網羅しているという意味ではなく、電子工作を楽しむことができる知識とテクニックが、子供や初心者でも身につけることができる、すべての人をガイドするという意味でパーフェクトなものを目指しました。豆電球をつけることからスタートし、さまざまな回路の仕組み、マイコンでのプログラミングの基本など、実験しながら理解し、さらに応用として装置をつくってみるという構成になっています。

　工作は基本的なものですが、さらなる応用や他への活用、高精度化など展開ができると思いますし、マイコンとの接続でIoT化することもできるでしょう。

　家電、交通、放送、娯楽などに使われている先端技術の基本は電子工作です。トランジスターなど半導体の開発がなけ

れば現代の社会は成り立っていないでしょう。

　ひとつひとつの製品の中に使われている電子回路は非常に複雑ですが、個人のホビーとして楽しむ電子工作はシンプルなほうがよいと思います。実際につくってみて、うまく動いたときには他の工作では得られない感動があります。この感動を得られ、さらに発想を膨らませることで、現代社会の中で役立っている製品、システムがあると考えると、個人のホビーという域を超えた未来が見えてきませんか？

　まずはその入り口として、「勉強」するのではなく、楽しみながら実験、工作ができれば、きっといつの間にか、知識も技術も身についているのではないかと思います。

　私自身、電子工作の作品をつくりながら、ワークショップなどで子供たちと触れ合うことが多くあります。学校の授業では、教科書に従っているので、なかなか自由にモノをつくる機会がないようです。実際に自分の手を動かしてモノをつくる機会をもっと増やさないと、モノツクリの楽しみも、そこから生まれる新しい発想も、失敗で得られる悔しさや改善方法も思いつかなくなってしまうかもしれません。

　電子工作に失敗はつきものですし、思ったような装置をつくりたいと思っても、それをそのまま実現するには、かなりの知識とテクニックが必要になる場合が多いです。失敗しながら苦労して、何日もかけてラジオをつくるなら、100円ショップで買ったほうが早いじゃん、という人もいるかもしれませんが、つくり上げたプロセスの中に、人間を成長させるとても大事なものがあると、私は思っています。ぜひ今の子供たちに体験してもらいたいですし、大人が夢中になって取り組める魅力的なホビーの世界でもあります。

　本書が、「何かおもしろいモノをつくりたい！」と感じているみなさまに少しでも役立つことができれば、大変うれしく思います。

2017年12月

伊藤尚未

もくじ

第1章　電気をつなぐ

第2章　電子部品を使う

第3章　回路を組む

照明
プログラミング
マイコン
センサー

必要な道具

専門店でしか手に入らないものもある

電子工作で作品をつくるにあたって、はじめての人は普段あまり目にしない道具や材料を使います。例えば、道具はハサミや接着剤よりも、ニッパーやハンダごてなどを使います。これらは、町のホームセンターで買うことができますが、電子部品などの専門的なものは一般のホームセンターやスーパー、文具店などでは扱っていません。電子工作では、専門店でしか手に入らないものを使う場合があるのです。

しかし便利になったもので、今やそれらを扱う多くの専門店は、インターネットで通信販売を行っています。近くに専門店がない場合は、通販を利用するとよいでしょう。ここでは、最初に準備しておきたい道具類を紹介します。

電子工作の基本的な道具

テスター

こて台

ハンダごて

ラジオペンチ

ニッパー

ハンダ吸い取り線

糸ハンダ

ショップに行くと、工具類は電子工作用のものに並んで、電気工事用のものもあります。かなり大きさが異なるので注意してください。もちろん右が電子工作用です。

身近なものを工夫する

　電子工作では、専門用具だけではなく、普段使っている文具などもよく使います。これらは文具店、ホームセンター、100円ショップなどでもそろえることができますし、自分なりの工夫で代わりになるものを見つけたり、より使い勝手のよい道具を選んだりしてもいいでしょう。

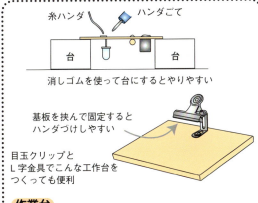

糸ハンダ　ハンダごて

台　　　　台

消しゴムを使って台にするとやりやすい

基板を挟んで固定すると
ハンダづけしやすい

目玉クリップと
L字金具でこんな工作台を
つくっても便利

作業台
机を焦がしたり傷つけたりしないように、ベニア板やボール紙などを台紙として敷いて作業すること

部品皿
電子部品は小さくなくしやすいので、部品を入れておく皿や箱を用意

カッター
基板をカットする時などに使用

お子様が電子工作をはじめるにあたって、基本的な道具を揃えるなら月刊誌『子供の科学』の通販ショップ「KoKa Shop！」がおすすめです。子供におすすめの必要な工具をセットで販売しています。

「KoKa Shop！」
shop.kodomonokagaku.com

必要な部品

　本書の実験や工作で使用する部品のリストは以下の通りです。これをもとにご自身で部品を用意してください（部品の入手方法は54ページ参照）。

　ブレッドボードの実験では、部品を抜き差しできますので、実験に使用する必要最小限の部品数をまとめてリストアップしています。作品として仕上げて保管するものについては、表示されている作品ナンバーとともに、各作品に必要な部品を挙げています。

1〜3章ブレッドボードの実験に使用する部品リスト

● トランジスター：
　2SC1815 ……………………………… 2個
　2SA1015 ……………………………… 1個
● フォトトランジスター：
　NJL7502L ……………………………… 1個
● LED：赤（2.0V20mA）………………… 2個
● 抵抗器：
　10Ω 1/4w（茶黒黒金）………………… 1個
　51Ω 1/4w（緑茶黒金）………………… 2個
　75Ω 1/4w（紫緑黒金）………………… 2個
　1kΩ 1/4w（茶黒赤金）………………… 2個
　10kΩ 1/4w（茶黒橙金）……………… 2個
　100kΩ 1/4w（茶黒黄金）…………… 1個
　200kΩ 1/4w（赤黒黄金）…………… 1個
● 可変抵抗器：
　10kΩ …………………………………… 1個
　100kΩ ………………………………… 1個
● 電解コンデンサー：
　10μF　50V ………………………… 3個
　100μF　25V ……………………… 2個
　220μF　25V ……………………… 1個
● 積層セラミックコンデンサー：
　0.047μF ……………………………… 1個

● スピーカー：8Ω　小型 ……………… 1個
● モノラルミニジャック：……………… 1個
● IC：LM386 …………………………… 1個
● タクトスイッチ：……………………… 2個
● スライドスイッチ：…………………… 2個
● 電池ボックス＆スナップ：
　単3形1本用 …………………………… 1組
　単3形2本用 …………………………… 1組
　単3形3本用 …………………………… 1組
● 電池：単3形 ………………………… 3本
● ブレッドボード：……………………… 1枚
● ブレッドボード用
　ジャンパーワイヤー：……………… 11本
● 両ミノムシクリップつきリード線：
　……………………………………………… 2本
● エナメル線（ポリウレタン銅線）：……… 15.5m
● トイレットペーパーの芯：…………… 1個
スズめっき線 …………………………… 少々

作品 No.01
LEDチェッカー部品リスト

- ●抵抗器：51Ω 1/4w（緑茶黒金）………… 1個
  - 100Ω 1/4w（茶黒茶金）………… 1個
  - 200Ω 1/4w（赤黒茶金）………… 1個
- ●電池ボックス＆スナップ：単3形3本用 …… 1組
- ●電池：単3形 ……………………………… 3本
- ●ブレッドボード： ………………………… 1枚
- ●ブレッドボード用ジャンパーワイヤー：……… 3本

作品 No.02
センサーライト部品リスト

- ●トランジスター：2SC1815 …………… 2個
- ●フォトトランジスター：NJL7502L ……… 1個
- ●LED：白（3.4V20mA）………………… 2個
- ●抵抗器：1MΩ 1/4w（茶黒緑金）……… 1個
  - 1kΩ 1/4w（茶黒赤金）……… 1個
  - 300Ω 1/4w（橙黒茶金）……… 2個
- ●ユニバーサル基板：15×15穴 ………… 1枚
- ●電池スナップ： ………………………… 1個
- ●電池：006P形 ………………………… 1本

作品 No.03
ヒューマンサウンダー部品リスト

- ●トランジスター：2SA1015 …………… 1個
  - 2SC1815 …………… 1個
  - 2SC2655 …………… 1個
- ●電解コンデンサー：100μF　25V …… 1個
- ●積層セラミックコンデンサー：0.01μF …… 1個
- ●スイッチ：小型スライドスイッチ ………… 1個
- ●ユニバーサル基板：15×15穴 ………… 1枚
- ●スピーカー：8Ω 小型 ………………… 1個
- ●ミノムシクリップつきリード線： ………… 2本
- ●電極：リング状金具 …………………… 2個
- ●電池ボックス＆スナップ：単3形2本用 …… 1組
- ●電池：単3形 …………………………… 2本
- スズめっき線 …………………………… 少々

作品 No.04
ミニラジオ部品リスト

- ●トランジスター：2SC1815 …………… 2個
- ●抵抗器：510kΩ　1/4W（緑茶黄金）…… 4個
- ●電解コンデンサー：1μF　25V ……… 1個
- ●積層セラミックコンデンサー：0.1μF …… 1個
- ●マイクロインダクター：330μH ……… 1個
- ●バリコン：AMラジオ用ポリバリコン …… 1個
- ●ミノムシクリップ： ……………………… 1個
- ●ミニジャック：モノラル ………………… 1個
- ●セラミックイヤホン：ミニプラグ付き …… 1個
- ●スイッチ：小型トグルスイッチ ………… 1個
- ●ユニバーサル基板：15×15穴 ………… 1枚
- ●電池スナップ： ………………………… 1個
- ●電池：006P型 ………………………… 1個

スズめっき線、クッション両面テープ、ビニール線
………………………………………………… 少々

作品 No.05
アアアファン部品リスト

- ●トランジスター：2SC1815 …………… 3個
  - 2SC2236 …………… 1個
- ●ダイオード：1N4002 ………………… 1個
- ●抵抗器：10MΩ 1/4W（茶黒青金）……… 1個
  - 5.1kΩ 1/4W（緑茶赤金）……… 1個
  - 1kΩ 1/4W（茶黒赤金）……… 2個
- ●電解コンデンサー：100μF 16V ……… 1個
  - 2.2μF 50V ……… 1個
- ●コンデンサーマイク： …………………… 1個
- ●スイッチ：小型トグルスイッチ ………… 1個
- ●ユニバーサル基板：15×15穴 ………… 1枚
- ●電池ボックス＆スナップ：単3形×2本用 … 1個
- ●電池：単3形 …………………………… 2本
- ●モーター：FA-130タイプ ……………… 1セット
- ●ファン：3枚羽 ………………………… 1個
- ●スタンド用ボール紙

スズめっき線、ビニール線 ………………… 少々

● 作品 No.06
オルタネット部品リスト

● トランジスター：2SC1815 ……………… 1個
　　　　　　　　　2SC2120 ……………… 1個
● フォトトランジスター：NJL7502L ……… 1個
● LED：高輝度 青（3.5V 30mA）…… 1個
● 抵抗器：10kΩ 1/4w（茶黒橙金）…… 1個
　　　　　1kΩ 1/4w（茶黒赤金）……… 1個
　　　　　75Ω 1/4w（紫緑黒金）……… 1個
● 可変抵抗器＆ツマミ：B型　100kΩ …… 1セット
● 電解コンデンサー：100μF 16V ……… 1個
● スピーカー：8Ω 小型 ………………… 1個
● スイッチ：トグルスイッチ …………… 1個
● ユニバーサル基板：15×15穴 ………… 1枚
● 電池ボックス：単4形×3本用リード線つき … 1個
● 電池：単4形 …………………………… 3本
スズめっき線、ビニール線、両面テープ、ボール紙
………………………………………………… 少々

● 作品 No.07
キャパシタイマー部品リスト

● トランジスター：2SA950 ……………… 1個
　　　　　　　　　2SC2120 ……………… 7個

※この回路で使用しているトランジスター2SC2120、2SA950は現在販売が終了し、入手が難しくなっています。2SC2120は2SC2655L、8050SLと、2SA950は2SA1020L、8550SLに代替可能です。

● LED：高輝度 赤（1.8V 20mA）…… 2個
　　　　高輝度 緑（1.9V 20mA）…… 1個
● 抵抗器：510kΩ 1/4w（緑茶黄金）…… 1個
　　　　　220kΩ 1/4w（赤赤黄金）…… 1個
　　　　　100kΩ 1/4w（茶黒黄金）…… 2個
　　　　　10kΩ 1/4w（茶黒橙金）…… 1個
　　　　　1kΩ 1/4w（茶黒赤金）……… 3個
　　　　　75Ω 1/4w（紫緑黒金）……… 3個
● 電解コンデンサー：220μF 25V …… 3個
● 積層セラミックコンデンサー：0.1μF … 1個
● スピーカー：8Ω 小型 ………………… 1個
● スイッチ：小型スライドスイッチ …… 1個
　　　　　　タクトスイッチ ………… 1個
● ユニバーサル基板：25×15穴 ………… 1枚
● 電池ボックス：単5形×2本用 ………… 1個
● 電池：単5形 …………………………… 2本
スズめっき線、ビニール線、両面テープ ……… 少々

● 作品 No.08
RGBビジュアライザー部品リスト

● トランジスター：2SC1815 ……………… 3個
● LED：高輝度広角 赤（2.2V70mA）…… 1個
　　　　高輝度広角 緑（3.6V50mA）…… 1個
　　　　高輝度広角 青（3.3V50mA）…… 1個
● 抵抗器：10kΩ（茶黒橙金）………… 3個
　　　　　1kΩ（茶黒赤金）…………… 3個
　　　　　51Ω（緑茶黒金）…………… 3個
● 可変抵抗器：100kΩ ………………… 3個
　　　　　　　ツマミ ………………… 3個
● スイッチ：小型トグルスイッチ ……… 1個
● ユニバーサル基板：25×15穴 ………… 1枚
● 電池ボックス：単3形×3本用リード線つき
………………………………………………… 1個
● 電池：単3形 …………………………… 3本
スズめっき線、ビニール線、両面テープ ……… 少々

● 作品 No.09
ピーポーサイレン部品リスト

● トランジスター：2SA950 ……………… 1個
　　　　　　　　　2SC2120 ……………… 5個

※この回路で使用しているトランジスター2SC2120、2SA950は現在販売が終了し、入手が難しくなっています。2SC2120は2SC2655L、8050SLと、2SA950は2SA1020L、8550SLに代替可能です。

● LED：青（3.4V20mA）………………… 1個
　　　　赤（2.1V20mA）………………… 1個
● 抵抗器：10kΩ 1/4w（茶黒橙金）…… 2個
　　　　　5.1kΩ 1/4w（緑茶赤金）…… 1個
　　　　　1kΩ 1/4w（茶黒赤金）……… 1個
　　　　　150Ω 1/4w（茶緑茶金）…… 1個
　　　　　75Ω 1/4w（紫緑黒金）……… 1個
● 半固定抵抗器：100kΩ ………………… 2個
　　　　　　　　10kΩ ………………… 1個
● 電解コンデンサー：100μF 16V ……… 3個
● 積層セラミックコンデンサー：0.1μF …… 1個
● スイッチ：小型トグルスイッチ ……… 1個
● ユニバーサル基板：15×25穴 ………… 1枚
● 電池：ボタン型LR44 ………………… 3個
スズめっき線（細、太）、ビニール線、両面テープ、
熱収縮チューブ、セロハンテープ、ボール紙
………………………………………………… 少々

● 作品 No.10 ‥‥‥‥‥‥‥‥
イルミラマ部品リスト

- ●トランジスター：2SC1815 ‥‥‥‥‥‥ 6個
- ●LED：高輝度　青（3.3V20mA）‥‥‥‥‥ 1個
  高輝度　緑（3.6V20mA）‥‥‥‥‥ 2個
  高輝度　赤（2.0V50mA）‥‥‥‥‥ 2個
  高輝度　黄（2.1V50mA）‥‥‥‥‥ 1個
- ●抵抗器：22kΩ 1/4w（赤赤橙金）‥‥‥ 2個
  15kΩ 1/4w（茶緑橙金）‥‥‥ 2個
  10kΩ 1/4w（茶黒橙金）‥‥‥ 2個
  150Ω 1/4w（茶緑茶金）‥‥‥ 3個
  75Ω 1/4w（紫緑黒金）‥‥‥ 3個
- ●電解コンデンサー：220μF16V ‥‥‥‥ 1個
  100μF16V ‥‥‥‥ 6個
- ●スイッチ：小型スライドスイッチ ‥‥‥‥ 1個
- ●ユニバーサル基板：30×25穴 ‥‥‥‥‥ 1枚
- ●電池ボックス＆スナップ：単4形×3本用 ‥ 1組
- ●電池：単4形 ‥‥‥‥‥‥‥‥‥‥‥‥‥ 3本
- スズめっき線、両面テープ、画用紙（薄手）‥‥‥‥ 少々

● 作品 No.11 ‥‥‥‥‥‥‥‥
ライントレーサー部品リスト

- ●トランジスター：2SC1815 ‥‥‥‥‥‥‥ 2個
  2SD1828 ‥‥‥‥‥‥‥ 2個
- ●フォトトランジスター：NJL7502L ‥‥‥‥ 2個
- ●LED：高輝度赤色（2.0V 20mA）‥‥‥‥‥ 1個
- ●LED光拡散キャップ：白 ‥‥‥‥‥‥‥‥ 1個
- ●抵抗器：1kΩ 1/4W（茶黒赤金）‥‥‥‥ 2個
  75Ω 1/4W（紫緑黒金）‥‥‥‥ 1個
- ●可変抵抗器：100kΩ ‥‥‥‥‥‥‥‥‥‥ 2個
- ●積層セラミックコンデンサー：0.1μF ‥‥‥ 2個
- ●スイッチ：小型スライドスイッチ ‥‥‥‥‥ 1個
- ●ユニバーサル基板：15×15穴 ‥‥‥‥‥‥ 1枚
- ●電池ボックス＆スナップ：単3形×2本 ‥‥‥ 1組
- ●電池：単3形 ‥‥‥‥‥‥‥‥‥‥‥‥‥ 2本
- ●ビニール線：12cm ‥‥‥‥‥‥‥‥‥‥‥ 8本
- ●駆動系：タミヤツインモーターギヤーボックス ‥ 1セット
  タミヤトラックタイヤセット ‥‥‥‥‥ 1セット
  （タイヤ2個分）
  タミヤボールキャスター ‥‥‥‥‥‥ 1セット
  タミヤユニバーサルプレート ‥‥‥‥‥ 1枚
- スズめっき線、両面テープ、画用紙（コース用）
  ‥‥‥‥‥‥‥‥‥‥‥‥‥‥‥‥‥‥ 少々

● 6章マイコン実験で使用する部品リスト

- ●トランジスター：2SC1815 ‥‥‥‥‥‥‥ 3個
- ●フォトトランジスター：NJL7502L ‥‥‥‥ 1個
- ●サーミスター：103AT-2 ‥‥‥‥‥‥‥‥ 1個
- ●LED：赤（2.1V20mA）‥‥‥‥‥‥‥‥‥ 1個
  黄（2.3V20mA）‥‥‥‥‥‥‥‥‥ 1個
  青緑（3.6V20mA）‥‥‥‥‥‥‥‥ 1個
  青（3.5V20mA）‥‥‥‥‥‥‥‥‥ 1個
  白（3.5V20mA）‥‥‥‥‥‥‥‥‥ 4個
- ●抵抗器：75Ω 1/4w（紫緑黒金）‥‥‥‥ 4個
  100Ω 1/4w（茶黒茶金）‥‥‥ 1個
  150Ω 1/4w（茶緑茶金）‥‥‥ 2個
  1kΩ 1/4w（茶黒赤金）‥‥‥ 3個
  10kΩ 1/4w（茶黒橙金）‥‥‥ 1個
- ●可変抵抗器：100kΩ ‥‥‥‥‥‥‥‥‥‥ 1個
- ●ブレッドボード： ‥‥‥‥‥‥‥‥‥‥‥‥ 1枚
- ●ジャンパーワイヤー：ブレッドボード用 ‥‥‥‥ 8本
  オス-メス（ラズパイ用）‥‥‥ 5本
  オス-オス（Arduino用）‥‥ 6本

本書の表記について

　本書は、回路図や工作例などをできるだけわかりやすく表記していくことを目指しました。使われている回路図はJIS規格に沿ったものを基本としていますが、一部には異なるものを使用している場合があります。その場合は、姿図などと照らし合わせて確認してください。

　また、工作例で使われている電子部品は、本書の制作時点で入手可能なものを使っていますが、生産の中止、終了などで一般に流通しなくなってしまう可能性もあります。その場合、代替品の使用ができることもありますが、部品によっては端子の位置が異なり、基板配線を変えなければならないことがあります。

回路図の表記

電路の交点は電気的に接続する場合はクロマル、電気的に接続しない場合は飛び越しの表記をしています。

接続部分はクロマルを打っています

接続しない部分は飛び越して表記

部品図の表記

各部品や回路図記号は、以下のように姿図とあわせてそれぞれ表記しています。
形や色を部品購入、工作の参考にしてください。

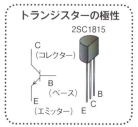

トランジスターの極性

2SC1815

C
（コレクター）
B
（ベース）
E
（エミッター）

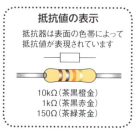

抵抗値の表示

抵抗器は表面の色帯によって抵抗値が表現されています

10kΩ（茶黒橙金）
1kΩ（茶黒赤金）
150Ω（茶緑茶金）

電解コンデンサーの極性

100μF

目印

足が短いほうまたは目印があるほうがマイナス側

ブレッドボード配線図の表記

・赤で示されているところは、部品の端子を差し込む穴です。
・図の通りに部品を配線していきます。
・ブレッドボード図の上のラインはプラス、下のラインはマイナスの電源を接続することを基本に設計しています。各ページのブレッドボード図には省略してありますが、部品を組み終わったら、上のラインにプラスの電源、下のラインにマイナスの電源を差し込んで電気を流してください。

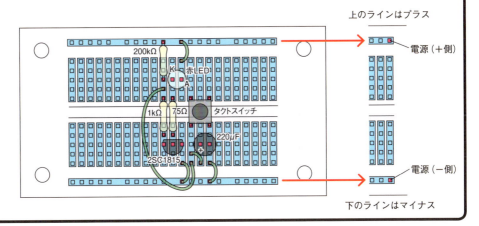

上のラインはプラス

電源（＋側）

電源（－側）

下のラインはマイナス

ユニバーサル基板配線図の表記

・ユニバーサル基板は実寸で表示しています。
・部品面から見た図とハンダ面から見た図を掲載しています。
・黒い太線は部品の足やスズめっき線で配線するところを表しています。
・黒い丸はハンダづけをする部分です。
・白い丸はハンダづけをして、外部に接続する部分です。

基板配線図

部品面から見た図

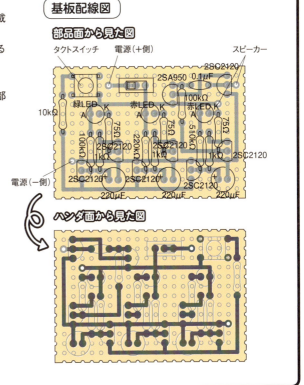

ハンダ面から見た図

注意事項

　原則として、工作でのトラブルは自己責任です。電子工作は、熱を発するハンダごてをはじめ、カッターなどの刃物も使います。取り扱いには十分注意して、怪我や事故のないように作業を行ってください。また、ハンダづけに関しては煙や蒸気などを吸い込まないように注意してください。

　工作例など、本書記載のものに関しては設計には十分注意していますが、配線間違いや不注意のショートなどによって、発熱や部品の破損、さらに出火などの事故につながる危険があります。つくった作品は、使っていない時には電池を外してください。また、駆動中に異臭や発熱、発煙などを感じたら、すぐに電源を切って安全な状態にしてください。

　本書は、小学校3年生以上を対象としています。ただし、理論の説明など、小学生にはやや難しい部分もあるでしょう。少しずつ理解していけばよいので、まずは紹介されている実験や作品の製作を楽しんでみてください。また、工具や部品などに小さなお子様が手を触れることのないように、また周りの方に危険と思われるような状況にならないように、十分に注意をお願いします。

以下の約束を守ること

●熱や焦げ臭いニオイを感じたら電源を外す。

●工作をする時の環境は、必ず整理整頓。

●ハンダの煙や蒸気は吸わない。必ず時々換気すること。

第1章

電気をつなぐ

電子工作は、さまざまな機能を
もつ部品を電気的につないで
装置をつくり上げます。
1章では、シンプルな回路で
電気のつなぎ方の基本を
身につけましょう。

豆電球を光らせる

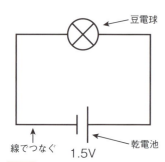

図1-1

この図を回路図と言います。豆電球と電池をそれぞれ図記号で表し、電気の流れる部分を線でつなぎます。

線でつなぐ　1.5V　乾電池　豆電球

端子
電線や電子部品などで電気的に接続をする部分を、一般に端子と呼びます。金属同士が接触し、電気が通るようにする部分です。

電極
端子の中でもその部品の機能を働かせたり、測定するための部分です。特に取り外し、別の部品と極性を合わせる時の端子を言います。

フィラメント

図1-2

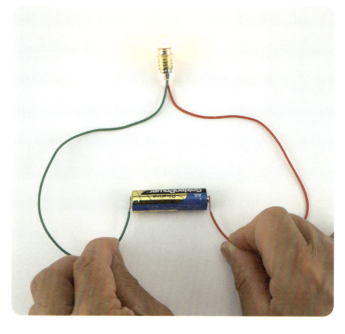

最もシンプルな回路から

　乾電池のプラス極、マイナス極に豆電球のそれぞれのリード線（**端子**）を接続すると、豆電球は光ります。これは**1-1**のような回路図で表すことができます。

　豆電球は外側のねじこむ部分と、根元にあるでっぱりが**電極**になっており、内部ではこれらをつなげるように金属の線がガラス球の中に保持されています。この金属をフィラメントと言いますが、よく見るとクルクルと細い線がコイル状になっていることがわかります（**1-2**）。

　これに電気を流すとフィラメントの抵抗によって発熱し、発光します。これを熱放射と言います。例えば釘をコンロであぶると赤く光りますね。これと同じです。発熱した金属は周囲の酸素と結合すると酸化し、熱で切断されてしまいますが、ガラス球の中には酸素などの気体はないので発光を続けます。

　とはいえ、そのままの状態では熱による金属疲労が進むので、いつか切れてしまいます。これが豆電球の寿命です。

電圧とは電気の高さの差

　電気はプラスからマイナスに流れます。単3形などよく使われる乾電池1個の電圧は1.5Vです。電圧は電位差とも言い、プラスとマイナスの差、いわば電気の高さの差をイメージするとよいかもしれません。水が高いところから低いところへ流れるイメージです。

　さて、豆電球はフィラメントの抵抗で発熱すると言いましたが、抵抗とは電気の流れを邪魔するものとイメージするといいでしょう。流れようとする電気に抵抗することで、電気の流れを調節するわけです。この時に電気エネルギーは熱などの他のエネルギーに変わります。

　つまり、豆電球は電気を熱エネルギー、さらにそれによる光エネルギーに変換する装置なのです。

　見方を変えて豆電球を抵抗器と考えると**1-3**のような回路図になります。

　この回路では、1.5Vという電圧が抵抗器にかかるわけです。では、実際どれぐらいの電流（A）が流れるのか。これは抵抗の大きさ、つまり抵抗値（Ω）によって決まります。かける電圧が同じでも、抵抗が大きければ流れる量は少ないですし、抵抗が小さければ流れる量は多くなります。これは「**オームの法則**」を使って計算で求めることができます。

電圧
プラスとマイナスの電気的な高低差で、電位差とも言います。電気的な圧力とも言えます。単位はV（ボルト）です。

抵抗器

1.5V

図1-3

電流
リード線、導線の中を流れた電気の量。移動した自由電子の量とも言えます。単位はA（アンペア）です。

抵抗値
電気の流れを流すまいと邪魔するものを電気抵抗と言い、その大きさを抵抗値と言います。単位はΩ（オーム）です。

Point!

オームの法則

$$電流（A）= \frac{電圧（V）}{抵抗（Ω）}$$

> 左の式は
> **電流 ＝ 電圧 ／ 抵抗**
> という表記をします。

1-3の回路図の抵抗器を10Ωとした時、この回路に流れる電流を計算すると、
1.5V ／ 10Ω ＝ 0.15A ＝ 150mA
ということになります。
さらに乾電池を直列につなげて3Vにし、同じ抵抗器に電気を流そうとすると
3V ／ 10Ω ＝ 0.3A ＝ 300mA

となり、電流の値が高くなります。つまり、より多くの電気が流れるということになります。乾電池が多ければ豆電球が明るくなるのがわかります。ただし豆電球の場合、明るくなるということはそれだけフィラメントが熱くなるということで、電圧が高すぎると熱によって切れてしまいます。

LEDを光らせる

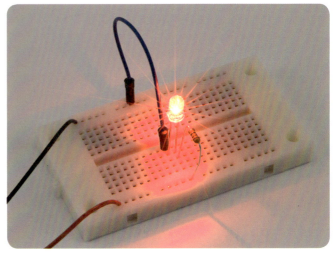

ブレッドボード

部品の端子を穴に差し込むことで接続をつくる便利な基板です。穴の中で接続されている部分とされていない部分を使い分けます。

赤LED

1.5V

図1-4

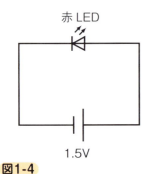

ブレッドボードの穴と穴をつないで配線する時は、ジャンパー線や専用線を使う。

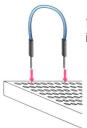

豆電球とLEDの違い

　豆電球はフィラメントの抵抗による発熱発光なので、電池を逆に接続しても、電気さえ流れれば問題なく発光しますが、LEDはどうでしょう？

　まずはLEDを接続してみましょう。豆電球と同じように乾電池につないでみるのに、本書の実験では、便利な**ブレッドボード**を使うことにします。ブレッドボードは電子部品の端子（足）を差し込んで接続する便利な実験用基板（きばん）です。たくさん並んだ穴の縦（たて）5個分がそれぞれ共通の接続になり、隣の列とは接続されません。

　では、ブレッドボードを使ってLEDを直接乾電池に接続します。回路図は**1-4**のようになります。LEDには豆電球と異なり、極性（きょくせい）があります。==プラス側にアノード、マイナス側にカソードの電極をつなげなければ光りませ==

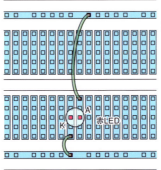

ブレッドボードの平面的な取りつけ図。ブレッドボードは青い部分が電気的に接続されています。本書で使用するブレッドボードは、上下のラインは横につながっており、間のブロックは縦5個分がそれぞれつながっているもの。赤は部品を差し込むブレッドボードの穴。

ん。これは端子の長さで識別します。端子が長いほうが
アノード、短いほうがカソードです。正しく接続すれば
LEDはうっすらと光ります。一度逆向きに接続してそ
の違いを確認しましょう。

また、LEDが壊れてもいいという人は、電池を2個
直列にして電圧を上げてみましょう。すると今度は
LEDが明るくなりました。もしかしたら一瞬ついて消
えてしまうかもしれません。この場合、もう一度接続し
直しても、もう発光しません。これはLEDが壊れてし
まったのです 注意 。では、うっすら点いている状態が
LEDの発光状態なのでしょうか？

注意

壊れる時には破裂してしまうこ
ともあるので、十分注意してく
ださい。

LEDの仕組み

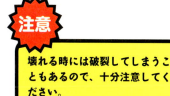

LEDの発光の仕組みは豆電球のフィラメントの熱放射によるもの
とは全く異なります。素材は半導体というものです。半導体にはN
型とP型があり、この2つがくっついた形になります。N型はマイナ
スが多く、P型はプラスが多く、境目はプラスとマイナスが相互に打
ち消し、電気的には中立な状態（空乏層）になっています。N型の電
極をカソード、P型の電極をアノードと呼びます。マイナスの電気を
帯びた電子が移動することで、電気はプラスからマイナスへと流れま
す。

カソードから電子が流れてくるとN型半導
体に電子が流れ込み、多くなった電子は空乏層
を飛び越え、P型半導体部分へ流れ込みます。
この時プラスにくっつき、ここでエネルギーを
光に変えます。

フィラメントの熱放射は電気抵抗で発熱し、
これにより発光するのですが、LEDは半導体
内部で電子のエネルギーが光になるので、非常
に効率のよい発光素材です。

カソード (K)　　アノード (A)

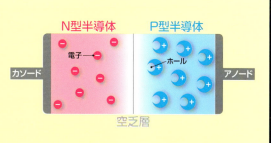

アノードをプラス側、カソードをマイナス側に接
続すると電子はカソードから流れ込み、プラスの
ホールに入り、光としてエネルギーを放出する

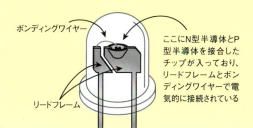

ここにN型半導体とP
型半導体を接合した
チップが入っており、
リードフレームとボン
ディングワイヤーで電
気的に接続されている

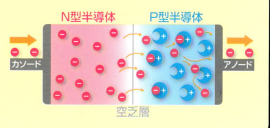

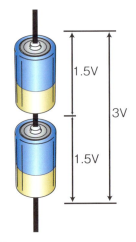

図1-5

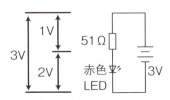

抵抗器と LED を分圧
図1-6

LEDに適切な電気を流す

LEDを明るく光らせるためには、LEDに合った適切な電気が必要です。これが書いている部品説明書が**定格表（データシート）**と言われるものです。

ここで使ったLEDには「2V20mA」という文字がありました。これがこの<mark>LEDに流す適切な電気（定格）ということになり、一番効率よく、安全で一番明るい光が得られるということになります</mark>。これ以上の電圧、電流だと壊れてしまうこともあります。では定格に合った電圧・電流にするにはどうしたらよいのでしょう？

電圧は乾電池を例にとるとマイナス極が低いところでプラス極が高いところ、この差が電圧です。マイナスを0Vとした場合にプラスが1.5Vという高さがあるとイメージすればわかりやすいかもしれません。

乾電池を2個直列につなげた場合、1.5V分の高さが上乗せされますから、合計で3Vということになります（1-5）。

では、LEDの定格に戻りますと、2Vの電圧が必要なので、まずは2Vより高い電圧を用意します。乾電池2個直列で3Vとした場合、LEDに必要な電圧は2Vですから1V分余計です。この余分な電圧を分けて、他に当ててちょうど2Vの電圧を得ます。ここで抵抗器を使います。<mark>抵抗器とLEDにそれぞれ電圧を分けるので分圧</mark>と言います。では何Ωの抵抗器を使えばよいでしょうか？　1-6を見てください。

<mark>この回路に20mAの電流が流れるようにしたいのですから、オームの法則で抵抗値を計算すると、抵抗＝電圧／電流ですから1V／0.02A＝50Ωとなり、50Ωの抵抗値があれば定格に合います</mark>。しかし、50Ωという抵抗器は製品としてあまり流通していないので、51Ωを使います（抵抗器の抵抗値の見方は33ページ参照）。これでLEDの性能にあった電気を流す回路が設計できました。

電流が大きいとLEDは壊れてしまいますので、実際にはこのように少し大きめの抵抗器を使うと安全です。

作品 No.01

LEDチェッカー

これが作品だ！

透明パッケージのLEDですと、実はそのまま見ても何色に光るLEDなのか判別（はんべつ）できません。赤、黄緑系は多くの場合2V前後、20mA程度、青、緑、白系は3.5V20mA程度が製品としては多く、光る色によって使う抵抗器が変わってきます。もし、これらの部品が混ざってしまった場合、見分けがつかなくなって困るでしょう。そこで、簡単なLEDチェッカーがあると便利です。

つくり方

❶51Ω、100Ω、200Ωの抵抗器の足をペンチで直角に折り曲げたら、ブレッドボード図を参考に、正しい穴の位置に差し込む。同じくジャンパー線を差し込む。

❷単3形3本の電池ボックスのプラス側（赤い線）をブレッドボードの上のライン、マイナス側（黒い線）を下のラインに差し込む。

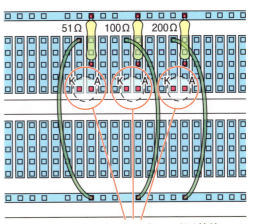

51Ω　100Ω　200Ω

K A　K A　K A

チェックしたいLEDを1つだけ接続

使い方

　ブレッドボードの左からレンジA、B、Cとして、ブレッドボード図の位置にLEDを差し込むことでLEDの色をチェックします。右の回路図の下に、それぞれのLEDに対応する電圧電流の値を記載しています。

　電池ボックスに電池を入れたら、まずはレンジCで試します。赤く光れば赤色LEDとわかります。光が弱くわからない場合は、レンジをB、Aに上げていきます。青、緑系はこれで点くはずです。高輝度で50mA程度が必要なものも、レンジAで確認できます。

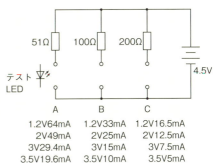

51Ω　100Ω　200Ω

テストLED

4.5V

A	B	C
1.2V64mA	1.2V33mA	1.2V16.5mA
2V49mA	2V25mA	2V12.5mA
3V29.4mA	3V15mA	3V7.5mA
3.5V19.6mA	3.5V10mA	3.5V5mA

モーターを回す

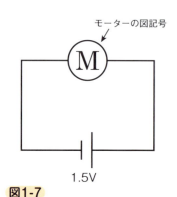

モーターの図記号

M

1.5V

図1-7

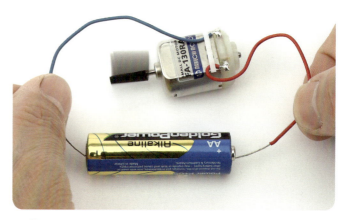

電気から駆動力を生み出す

　電気で動くものと言えば、扇風機や洗濯機などの家電製品、おもちゃなら模型自動車や、最近ではドローンなどを思いつくかもしれません。これらは、ほぼすべて可動部分にモーターが使われています。模型用のモーターであれば玩具店でも販売されていますので、簡単に入手できます。早速、モーターを回してみましょう。

　模型づくりで定番のモーター、マブチFA-130タイプを使いました。他の製品と同じように、パッケージの横に記載されている性能表を見てみます。すると「適正電圧は1.5V、消費電流は500mA」と書いてあります。ということは、乾電池1個で回すことができます。モーターにはリード線が接続されているので、さっそく乾電池につなげてみましょう。

　直接、指で乾電池のプラス極、マイナス極にリード線を接触させました（1-7）。すると「ギュイーン！」という音とともに軸（シャフト）が回り始めます。そのままではわかりにくいので、軸に小さな紙切れをテープで貼ってみましょう。こうすると、回転しているのがよくわかります。

　モーターをよく見ると、リード線が赤色と青色に識別

されています。ではここで、電極を逆に接続してみましょう。すると、やはり回りますが、回転方向が逆になりました。ということは、プラス、マイナスを逆にすることで、正転、逆転が簡単にできるということです。これを応用すれば、模型自動車などでは電気によって前進、後退をコントロールすることができるのです。

モーターの仕組み

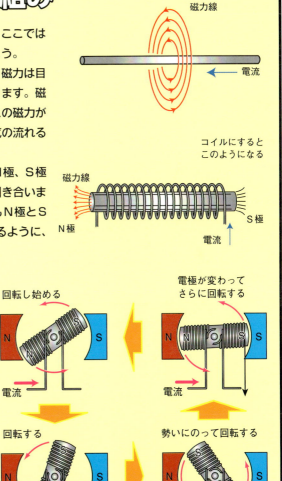

モーターにもいろいろな種類がありますが、ここでは一般的な直流モーターの仕組みを紹介しましょう。

導線に電気を流すと周りに磁界ができます。磁力は目には見えませんが、図を使うと右のようになります。磁力を線で表したものを、磁力線と呼びます。この磁力が有効な空間を磁界と呼びます。磁力線は、電気の流れる方向に対して右回りに発生します。

また、磁石にはN極とS極があり、N極とN極、S極とS極は互いにしりぞけ合い、N極とS極は引き合います。同じように、導線の周りにできる磁界にもN極とS極があり、電気がプラスからマイナスに流れるように、磁力線はN極からS極に向かって進みます。

さて、導線1本では磁力が弱いのですが、導線をコイル状にすると発生する磁力が重なり、強くなります。これが電磁石と言われるものです。電気によってつくられる磁界ですから、電気が流れなくなれば磁界も消えます。さらに電気の流れが反対になればN極とS極も反対になります。

モーターは、この電気によってつくられる磁界と磁石の極性を使い、引き合い、しりぞけ合うことで、回転運動を得られる仕組みになっています。右の図は2極のモーターですが、実験で使ったものはコイルが三角形に配置された3極モーターです。3極モーターは、電気の接続の仕方により、回転方向を決められる構造になっています。

磁力線

電流

コイルにするとこのようになる

磁力線

N極　S極　電流

回転し始める　電極が変わってさらに回転する

電流　電流

回転する　勢いにのって回転する

電流　電流

さまざまな電気のつなげ方

図1-8

被覆をむく

巻きつけてつなげる

電気は、ガラスやプラスチックなどの不導体の中は流れず、金属などの導体の中を流れます。ですから、多くの電線は電気をよく通す銅線を使っており、周囲をゴムやビニールとなどの不導体で絶縁しています。また、LEDなどの電子部品は端子がむき出しの状態になっているものが多く、適切に処理しないとショートしたり、電気的な接続が得られなくなったりします。ここで、あらためて配線や接続について道具や方法を紹介します。

コードのひねり、からげ

ビニール線などのコード同士、またはコードと部品を接続する場合、コードの被覆をむいた後、銅線を直接ひねり、同じように被覆をむいてひねった相手側の銅線や、部品の端子部分に巻きつけ、接触させます（1-8）。

基板や電池ボックスの端子がラグの場合、ラグの穴に被覆をむいた銅線を通し、包むようにラグにからめます。その後、ほつれないようにテープや熱収縮チューブなどでカバーするとよいでしょう。ただし、この方法は金属同士が接触してはいるものの、振動やコードの引っ張りなどで接触部分が外れてしまうことがあります。ですから、実験や仮設など、簡単な組み立てにはいいかもしれませんが、耐久性には難があります。

ラグ

部品の端子やリード線などを接続する端子で、薄い金属板でつくられています。卵型や細長い形で穴が開いて接続しやすくなっています。

熱収縮チューブ

熱で縮むビニール、あるいは樹脂製のチューブでコード、リード線などの接続部分に絶縁の目的で被覆として使用されます。

ハンダづけ

電子工作で欠かせない技術です。基板に電子部品やコードなどを接続する際に、ハンダという金属を溶かしてそれぞれの端子を接続します。これにはハンダごてという道具を使います。こて先を部品の端子と基板のランドやラグに当て、温めてからハンダを流し込むと溶けて端子とランドが接続されます。

基板は部品同士を電気的に配線するだけではなく、部

ランド

プリント基板などの銅はくでハンダづけする部分を言います。ユニバーサル基板では端子を差し込む穴の部分が丸い銅はくになっています。

品を固定する役割もあるので、ハンダづけはしっかりと行いましょう（26ページ参照）。

ブレッドボード

　ハンダづけは1回取りつけてしまうと、修正するのに手間がかかります。また、ユニバーサル基板などの場合、基板に熱をかけすぎるとランドがはがれてしまったり、修正できなくなる場合もあります。特に実験などでは部品を差し替えることもあるので、ハンダづけしない、簡易なブレッドボードの使用が適しています。ブレッドボードは、縦に並んだ5～6個の穴はつながっていますが、隣の列とはつながっていません。つまり、このつながった穴に部品の足を差し込むことで、電気的接続が得られるというものです（18ページ参照）。

ミノムシクリップ、ワニグチクリップ

　コードをひねったり、からげたりするのではなく、実験的に接続を変えたい場合は、リード線のついたミノムシクリップや、ワニグチクリップが便利です。どちらも洗濯バサミのように、先に接続するものを挟むことで接続が得られます。ミノムシクリップは、ツマミの部分をビニールなどで覆（おお）ってあるので、細かいところにも使えます。もっと細かい部分に使う場合は、ICクリップのような小さなものが便利です。

ミノムシクリップ

ワニグチクリップ

ICクリップ

ピン、ソケット、ジャック、コネクター

　主に基板に取りつけ、そこに部品やコードを差し込む形で接続しますので、基板へはハンダづけで取りつけます。例えば、基板が複数枚になってしまうような工作の場合、補修（ほしゅう）や差し替えの時に全部を外さなくても、取り外し式のジャック（差し込み口）やコネクター（接続部）を外すことで、特定のものだけを扱うようにすることもできます。ICソケットなどは、ハンダづけの熱でICが壊れてしまわないように、ソケットだけを先にハンダづけしておき、最後にICをはめ込みます。

ピン
ソケット（受け口）

ソケット
ピン

ハンダづけの基本

電子工作の場合、ハンダごては30W程度のものが適当でしょう。大きな電力のものでは温度が上がりすぎてしまうことがありますし、小さいものでは温まるまで時間がかかり、どちらも使い勝手があまりよくありません。

糸ハンダは0.8〜1.0mmのものがおすすめです。鉛を含む共晶ハンダは184℃程度で溶けるのですが、環境への配慮から最近はあまり使われなくなっています。鉛を含まない鉛フリーと呼ばれるものは220℃程度で溶けるので多少時間がかかりますが、慣れてくるとあまり気になりません。

基板に部品の足を差し込んだら、端子とランド部分にこて先をあてて温め（3〜4秒）、そこに糸ハンダをあてると溶けて流れていきます。端子を頂上に、ランドを裾野に見立てて、ちょうど富士山のようになだらかな曲線を描くような形に仕上がるのが、よいハンダづけと言えます。ハンダが丸く固まってしまったり、穴があいてしまっていると接続がしっかりされていない可能性があるので、ハンダづけした後はよく見て確認しましょう。

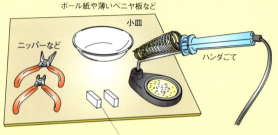

ボール紙や薄いベニヤ板など
小皿
ニッパーなど
ハンダごて

消しゴムを基板の台にすると便利だ

机の上を整理整頓して、このような作業台を準備する。ハンダごては使っていない時は、必ずこて台に置くこと。

えんぴつをもつようなイメージでもつ。

こうした握るようなもち方は力が入りすぎてしまうのでNG。

基板の部品面（ランドが貼られていないほう）から部品を差し込む。

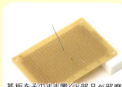

裏返して、ハンダ面で部品を折り曲げて外れないようにする。

基板をそのまま置くと部品が邪魔になるので、消しゴムなどで台をつくってその上に基板を置くと作業しやすい。

ハンダづけをする。

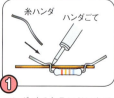

① ハンダごてをランドにあて、ランドと部品の端子を3〜4秒温める。

② こて先にハンダを軽く押しあてて溶かす。ランド全体に流すイメージで。

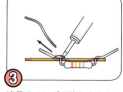

③ 適量のハンダが流れたらハンダを離す（ハンダごてはあてたまま！）

④ ハンダごてを離す。

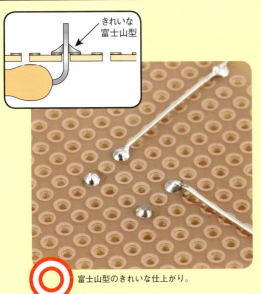

きれいな
富士山型

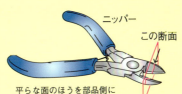

ニッパー

この断面

平らな面のほうを部品側に
して切る

こちらの平らな面
を必要な部品側に
して切る

ハンダづけしたら、余った足をニッパーを使って切り取る。この時、ニッパーの刃先は平らなほうを下に向け、ハンダから出ている足の根元にあてるようにして使うと、切り口がきれいで、余計な部分を残さず切り取れる。

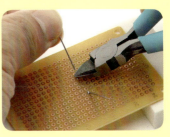

◎　富士山型のきれいな仕上がり。

糸ハンダの中には端子、ランドにハンダが付着しやすいようにヤニが含まれています。ヤニは熱で蒸発してしまうので、こて先でハンダを溶かして、こて先についたハンダを接着剤のようにハンダづけする箇所にもっていってもきれいにハンダづけできません。また溶けたハンダをこて先で移動させてもきれいにできません。

このようにハンダがうまくつかなかった時や、ハンダがつきすぎてしまった場合、隣のランドまではみ出してしまった場合などは、ハンダ吸い取り線などを使って余計なハンダを取りましょう。

糸ハンダがくっついたままになってしまうこともあります。これはこて先を先に外して、糸ハンダだけが残ってしまった時に起きます。この時は慌てずもう一度こて先を当てると、糸ハンダは溶けるので外せます。

✕ ⓐ　隣のランドとつながってしまっている！

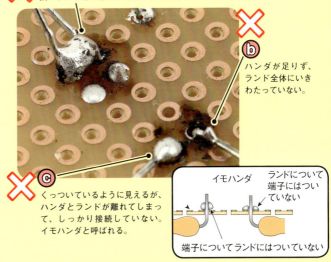

✕ ⓑ　ハンダが足りず、ランド全体にいきわたっていない。

✕ ⓒ　くっついているように見えるが、ハンダとランドが離れてしまって、しっかり接続していない。イモハンダと呼ばれる。

イモハンダ

ランドについて
端子にはついて
いない

端子についてランドにはついていない

ミスした時は…

ハンダ吸い取り線を使う。

ハンダを取りたい部分に吸い取り線のリボンをあてて、その上からハンダごてをあててハンダを溶かす。

リボンがハンダを吸い取ったら、リボンを離す。ハンダを吸い取った部分のリボンはニッパーで切り落して処分する。

コラム

ハンダづけを練習しよう

　ブレッドボードは差し込むだけで回路が組めて、差し替えも簡単にできるのでいいのですが、大きさが決まっているので、狭いスペースなどに組み込む時などに不便です。また、接続が不確実であったり、他の部品と不必要に接触してしまうこともあります。それに対してハンダづけなら確実に接続できて、基板の自由度も上がり、電子工作の世界がぐっと広がります。ハンダづけは本書でぜひとも身につけてほしい技術なのです。

　ハンダづけによる電子工作は、第4章の「装置をつくる」から登場しますが、ここではその前に、ハンダづけのコツをつかむ練習を行うことをおすすめします。何事も上手になるには練習が必要です。練習は、とにかく数多くやることです。とはいえ、ハンダづけはそれほど難しい技術ではなく、数回やれば何となくコツがわかってきます。後は、タイミングや糸ハンダの流し方、腕や指先の使い方などを少しずつ覚えていきましょう。ユニバーサル基板を1枚練習用にして、余っている抵抗器や不要な部品などを使って、何度も練習を繰り返してコツをつかみます。

　こて先にもハンダがのりやすい部分、のりにくい部分があります。いわばクセのようなものですが、それをうまく使って、のりやすい部分で端子、ランドを温めるなど、自分なりの工夫も取り入れてください。こてのクセをつかむと、ハンダづけは意外と早く、上手にできるようになります。

ハンダづけのコツはタイミング！

失敗を恐れず、下に示したタイミングでリズミカルに練習してみましょう。

\1、2、3、4/

基板のランドと部品の両方を温めるようにして、こて先をあて心の中で1、2、3、4と数える。

\5、6/

5、6で糸ハンダをあてて溶かし流す。

\7/

7で糸ハンダを離す

\8/

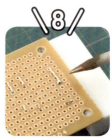

8でハンダごてを離して完了。自分なりのリズムやタイミングを習得しよう。

第2章

電子部品を使う

電子回路を組む前に、
まずは回路を構成する
主な電子部品について、
機能や特徴を理解しましょう。
ブレッドボードで実験を行いながら
部品の機能を確かめていきます。

電子部品とは

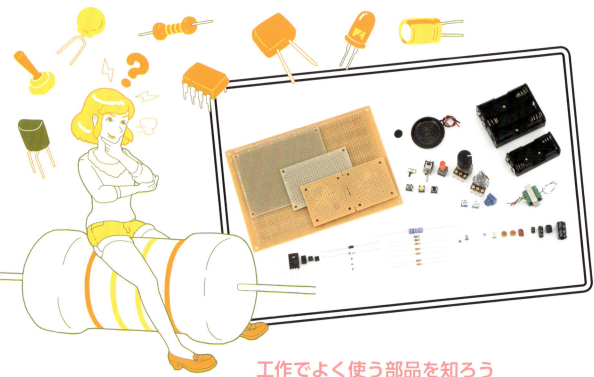

工作でよく使う部品を知ろう

　電子部品とは電子機器を構成する部品で、それぞれ機能をもっています。これらを<mark>電気的に接続し、適切に電気を流すことで役割を果たします</mark>。それぞれの役割を活かしながら、全体として目的の動作をさせるものが、電子工作の作品ということになります。

　<mark>電子部品は素子とも呼ばれ、大きく分けると能動素子と受動素子と言われるものがあります。</mark>

　トランジスターやダイオードなど、電気信号を**増幅**したり、**整流**したり、主に電圧や電流を変化させるものを能動素子と言います。また、コンデンサーや抵抗器のように、電気を蓄積したり、消費したりすることで、回路や機能の調整をするものを受動素子と言います。

　これから、電子工作でよく使う部品の使い方について、ブレッドボードで実験を行いながら身につけていきましょう。

増幅
小さな信号を大きな信号へと変化させることを言います。トランジスターの場合、小さな電流を大きな電流へと変化させます。

整流
交流の電気を直流にするために電圧のマイナス分をカット、あるいはプラス側に組み替えて、電気の流れを整えることを言います。

能動素子

トランジスター
半導体による増幅機能や、スイッチング機能があります。

ダイオード
半導体で構成され、電気を一方通行にする機能があります。整流や検波のために使われます。

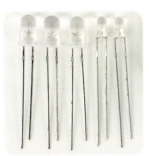

LED
ダイオードと同じく半導体で構成されますが、電気を一方通行で流す時に発光します。

センサー
光による入力で増幅作用をするフォトトランジスターや、熱により抵抗値が変わるサーミスターなどがあります。

受動素子

抵抗器
電気の流れに抵抗する部品。回路に流れる電気を調整したり、電圧の高低差をつくったりします。

コンデンサー
電気をためる部品。充電と放電ができることから、その時間差を利用したり、ノイズを軽減する用途などに使われます。

コイル
導線をクルクル巻いたもので、磁界を発生させることで、さまざまな機能をもちます。

トランス
コイルを2つ組み合わせたもので、電圧を変える働きがあります。

スピーカー
コイルと磁石の働きでコーン紙を振動させ、音を発生させます。

抵抗器を使う

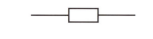

抵抗器の図記号

適切な電気の流れに調整する

抵抗器は、電気の流れを邪魔するものというイメージです。電気を適切な流れにすることで、回路を調整したりします。

水の流れを例にイメージしてみましょう（2-1）。

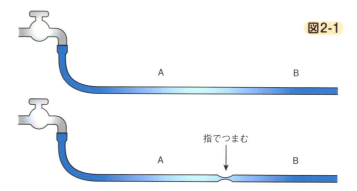

図2-1

指でつまむ

水道につないだホースの中を水が流れるとします。A点とB点では何も障害がないので同じ流れですが、A点とB点の間を指でつまむとどうなるでしょうか？こうすると、水流を邪魔するわけですから、水の流れに対する抵抗になります。するとA点とB点では流れが変わりますね。

上流のA点ではそこで水がある程度せき止められますし、下流側のB点ではつまんだ部分を抜けてきたので、水の流れは少なくなっています。そして、水の圧力が変わっています。電気も同じように電流の大きさが変わりますし、抵抗の上流と下流では電圧も変わります。

電気の流れにおける抵抗器のイメージはわいたでしょうか？　例えば1章で説明したように、豆電球であれば、豆電球そのものが抵抗器ですから、電気の流れを消費することで発熱し、発光するのですが、LEDの場合は抵抗がほぼないので、電流が流れすぎると壊れてしまいます。そこで、抵抗器をつけることで電流を制限し、適切な大きさの電流にするのです。

さて、電気抵抗とは何か？

金属など、電気を通すものは導体、あるいは良導体と言います。それに対してプラスチックやガラスなど、電気を通さないものは不導体、または絶縁体と言われます。

実は、電気をよく通す良導体も、ある程度の電気抵抗をもちますが、これはとても少ないので無視されています。また、電気を通さない不導体も全く電気を通さないわけではないのですが、これも小さいので無視されます。==この中間に位置するものを半導体と言います（2-2）。==

抵抗の大きさを**抵抗率**と言い、反対に電気の流れやすさを導電率といいます。ここで言い方を変えれば、抵抗率のかなり高いものを一般に不導体、絶縁体と言い、抵抗率のかなり低いもの、導電率の高いものを導体、良導体と言うのです。

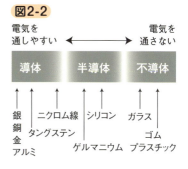

図2-2

電気を通しやすい ←→ 電気を通さない

導体	半導体	不導体

銀　銅　金　アルミ　タングステン　ニクロム線　シリコン　ゲルマニウム　ガラス　ゴム　プラスチック

抵抗率

抵抗は導体の長さに比例し、断面積に反比例します。つまり、同じものでできているなら長いほど抵抗は高くなり、太いほど抵抗は低くなります。道路で例えるなら、狭く長い道路では自動車の渋滞が起き、広く短い道路は渋滞が少ないというイメージです。

Point!

抵抗値の表示

電子部品の抵抗器は主にカーボン（炭素）や抵抗率の高い金属素材を使っており、両端に端子が接続されたつくりになっています。その他に、抵抗体の上を接点が移動する可変抵抗器や半固定抵抗器というものもあります。抵抗値が固定されたものは、部品の表面に数本の色帯が印刷されています。これはカラーコードと言って、抵抗値の数字を色で識別したものです。

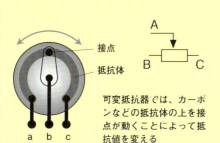

A

B　C

可変抵抗器では、カーボンなどの抵抗体の上を接点が動くことによって抵抗値を変える

接点
抵抗体

a　b　c

色	数字
黒	0
茶	1
赤	2
橙	3
黄	4
緑	5
青	6
紫	7
灰	8
白	9
金	5 %
銀	10 %

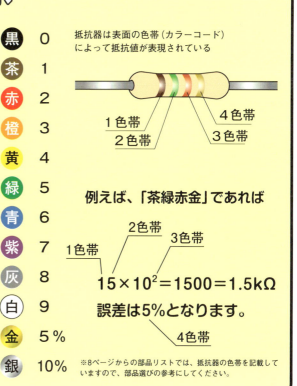

抵抗器は表面の色帯（カラーコード）によって抵抗値が表現されている

1色帯
2色帯
3色帯
4色帯

例えば、「茶緑赤金」であれば

1色帯　2色帯　3色帯

$$15 \times 10^2 = 1500 = 1.5k\Omega$$

誤差は5%となります。

4色帯

※8ページからの部品リストでは、抵抗器の色帯を記載していますので、部品選びの参考にしてください。

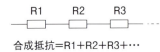

図2-3

直列の場合

R1　R2　R3

合成抵抗＝R1＋R2＋R3＋…

並列の場合

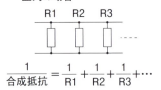

R1　R2　R3

$$\frac{1}{\text{合成抵抗}} = \frac{1}{R1} + \frac{1}{R2} + \frac{1}{R3} + \cdots$$

LEDを光らせる実験

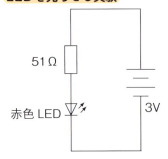

51Ω

赤色 LED　　3V

図2-4　LED調光実験

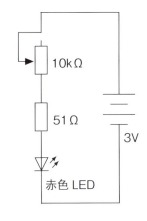

10kΩ

51Ω

3V

赤色 LED

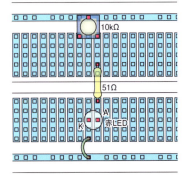

抵抗の合成

　抵抗器を直列や並列につなげることで、異なる抵抗値を得ることができます。これを合成抵抗と言います。直列の場合の合成抵抗は各抵抗値の合計となりますが、並列ではそうはなりません。実際には**2-3**のような計算で合成抵抗が求められます。

可変抵抗器によるLED調光実験

　LEDはそのまま電源に接続せず、電気が流れすぎないように電流制限抵抗器をつけなければいけません。このことを確かめる実験をしましょう。

　1章では、赤色2V20mAのLEDであれば3V電源で51Ωの抵抗器を使用。また、21ページでつくったLEDチェッカーではいくつかの抵抗値を用意し、それぞれに適した電流を流すようにしました。

　さて、LEDチェッカーで、抵抗値の異なる端子にそれぞれLEDを接続してみると、明るさが変わることに気がつきましたか？　もちろん、抵抗値が高いということは、その分電気の流れが抵抗器によって邪魔されるということなので、抵抗値が高いほどLEDは暗くなります。**2-4**は直列に可変抵抗器を接続することで、スムーズに変化する調光実験になります。この接続では、可変抵抗器についている回転式の可動接点を回すことにより、誤差はありますが51Ω～10051Ωまでの変化が考えられます。つまり2Vの電圧がLEDにかかるとしたら、約20mA～0.1mAまでの電流が流れます。

　実際に実験してみると、可変抵抗器の可動接点を回すことで明るさが変化しますが、最大に回しても、LEDはうっすらと光っています。これは製品によりますが、少しの電気でも発光するというLEDの特徴とも言えますね。

分圧のおさらい

　20ページのLEDを光らせる実験で分圧という言葉が出てきました。分圧とは電圧を分けるという意味です。

2-5では100Ωの抵抗器が直列に接続されていますから、合成抵抗は200Ωになります。この回路に流れる電流は、オームの法則（17ページ参照）から3／200＝0.015で15mAということになります。1つの抵抗器にかかる電圧を、これもオームの法則で計算すると0.015×100＝1.5で1.5Vとなります。つまり、電源の3Vを1.5Vずつに分圧したということになるのです。

トランジスターを使ったLED調光実験

可変抵抗器を使ったLED調光実験では、LEDが消えるまでは暗くならなかったので、今度はトランジスターを使ってみましょう。

トランジスターの役割は増幅とスイッチングです（36ページ参照）。そこで、入力に対してこの性質を使った調光を実験します。

2-6のような回路を組むと、トランジスターのベースへの入力電圧が変化します。具体的には、10kΩの可変抵抗器の変化に応じて1kΩの両端にかかる電圧は0.27V～3Vまで変化します。

トランジスターはベース端子への入力が0.6Vくらいで駆動し始めます。可変抵抗器の可動接点を回して4kΩぐらいになると、1kΩの抵抗器に0.6Vの電圧がかかるので、そのあたりからLEDが発光し始めます。実験では可変抵抗器が半分ぐらいまではLEDは消えていて、ここから可変抵抗器の可動接点を回すにつれて、LEDは明るさを増していきました。

図2-5 抵抗器で分圧

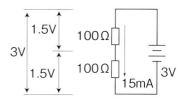

図2-6

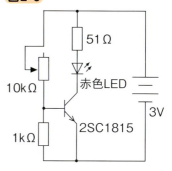

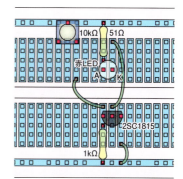

※可変抵抗器の抵抗値を0Ωにしたとき、トランジスターに大電流が流れ、部品が破損する可能性があります。

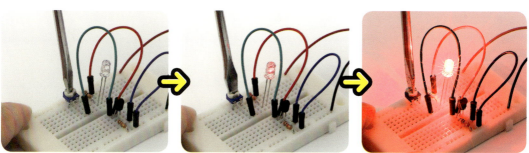

可変抵抗器の可動接点はマイナスドライバーで回す。接点が半分ぐらいまで回るまではLEDは点灯しない。

可動接点が半分を超えて、抵抗値が4kΩぐらいになるとLEDが光り始めた。

可動接点を回していくとLEDは明るさを増していった。

トランジスターを使う

図2-7

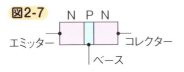

NPN型

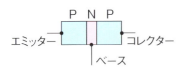

PNP型

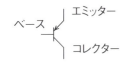

トランジスターの仕組み

　トランジスターにもいろいろな種類がありますが、ここではバイポーラ形のトランジスターについて紹介します。

　半導体は、マイナスの電気が多いN型半導体と、プラスの電気が多いP型半導体があり、トランジスターはこれらをサンドイッチにした形で構成されています。19ページで紹介したように、LEDの仕組みはN型半導体とP型半導体をくっつけた形ですが、トランジスターはサンドイッチした部品なのです。(2-7)。

　2-8はNPN型のトランジスターの仕組みを表しています。エミッター側をマイナスに接続した時、ベースにプラスの電気が流れ込むと、電子がP型半導体を飛び越えて流れ、電気はプラス側（コレクター）からマイナス側（エミッター）へと流れます。つまり、スイッチがONになる形です。これがスイッチングという役割。ベースへの入力に変化があれば、変化に応じた形でコレクターとエミッターの間の電気の流れが変わります。これが増幅という作用になります。

　PNP型トランジスターの場合は接続が逆になります。

電子の流れで考えるとエミッター～ベース間に電子が流れることでベースのP型半導体を飛び越えてコレクター側にも電子が流れるようになる。

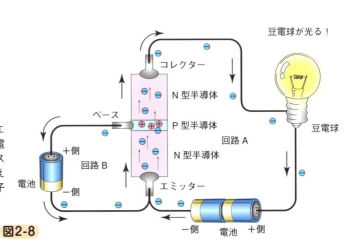

図2-8

トランジスターの基本的な配線

トランジスターは、いろいろな配線の組み合わせが考えられますが、==一番スタンダードな接続はベースが入力、コレクターが出力という形です==。つまり、コレクターにLEDやモーターなど、駆動させたいもの（負荷）を接続します。

具体的には、NPN型トランジスターの場合はエミッターをマイナス側に、コレクターに負荷を通してプラス側に接続します。ベースへの入力はプラスになります。PNP型の場合はエミッターがプラス、コレクターに負荷を通してマイナス側に接続する形になり、ベースへの入力はマイナスになります（2-9）。

図2-9

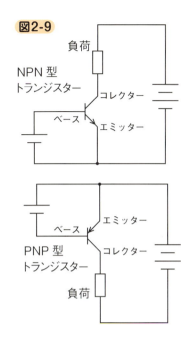

NPN型トランジスター（負荷、コレクター、ベース、エミッター）

PNP型トランジスター（負荷、エミッター、ベース、コレクター）

Point！ トランジスターの性能

トランジスターには、流してもよい範囲の電気が決められていて、限界があります。また、性能を最大限に発揮させる適切な電気の程度もあります。

これらについて、メーカーが推奨している値を記したものが定格表です。データシートとも言います。回路の設計時には、これらに従って部品選定をします。

絶対最大定格：この範囲での使用が必要

これ以上の電気的負荷、条件では壊れてしまうおそれがあります。

コレクター電流：コレクターに流せる最大電流

コレクターに接続した負荷が、例えばLED1個20mAだとして、並列に5個つなげると100mAになります。つまり、これ以上のコレクター電流を許容するトランジスターでないといけないのです。

ベース電流：ベースに流す入力の最大電流

入力がこれ以上大きな電流だと壊れるおそれがあります。

増幅率（h_{FE}）：ベースに入力された電流をコレクター～エミッター間に何倍に増幅できるかの能力

製品によってh_{FE}によるランクが分けられます。例えば東芝製の2SC1815にはh_{FE}が70～140をOランク、120～240をYランク、200～400をGRランク、350～700をBLランクとしています。

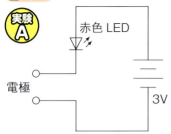

図2-10

実験A

赤色 LED

電極

3V

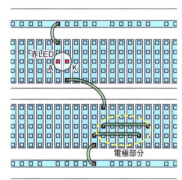

赤LED A K

電極部分

スズめっき線を使って、指で触れると回路がつながる電極を作成。

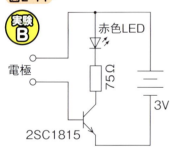

図2-11

実験B

赤色LED

電極

75Ω

3V

2SC1815

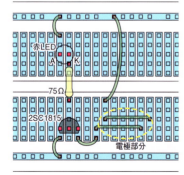

赤LED A K

75Ω

2SC1815

電極部分

トランジスターの3本足は平らな面から見て右の足がベース（B）、真ん中がコレクター（C）、左の足がエミッター（E）となる。接続する向きを間違えないようにすること。

タッチセンサーで増幅実験

　トランジスターの機能を使って、ブレッドボードでタッチセンサーをつくってみましょう。人間の体が電気を流すことを活かした実験です。電気を流すと言っても少しだけの量なので安心してください。

実験A

　LEDと指で触れる電極、そして電源を直列に接続します（**2-10**）。電極に指を触れてもLEDはほとんど光りません。これは流れる電気があまりにも少量なので、これを目に見えるようにすることは難しいのです。例えば、LEDを光らせるためには、ある程度大きな電気にしなければいけません。そこで、トランジスターを使います。

実験B

　例えば、両手でテスターの端子をつかんで人間の抵抗値を実測（じっそく）すると、皮膚表面の状態にもよりますが、数MΩ（メガオーム）〜数百kΩになります。そこで**2-11**のようにLEDとトランジスターをブレッドボードに組んでみましょう。ベース入力の部分でプラスからの電気が少しだけ流れるように、ここを指でタッチするようにします。指でタッチするとLEDが少し光るのがわかります。

　ここで使ったトランジスターは2SC1815のYランクのものでしたので、増幅率は120〜240くらいです。計算しやすいように200としましょう。指の抵抗値を800kΩとすると、3Vの電源ではオームの法則により電流＝電圧/抵抗で0.00375mAということになります。非常に小さい電流です。これがトランジスターで増幅率の200倍になったとしたら0.75mAですね。この電流がコレクターに流れている計算になります。これでLEDがちゃんとつくかというと十分ではありません。ですから、光り方が弱いわけです。

実験C

そこで、さらにトランジスターを加えて、もっと増幅します。**2-12**のように接続すると、トランジスターの増幅率は掛け合わせた数値になります。つまり、増幅率200であれば40000という増幅率になるのです。これをダーリントン接続（64ページ参照）と言います。

この接続をブレッドボードで組んで、電極を指でタッチしてみるとLEDはしっかり光ります。0.75mAがさらに200倍になり、150mAのコレクター電流が流れるからです。実際には電流制限抵抗器も接続しているのでLEDが20mAの電流となり、十分光らせることができるのです。

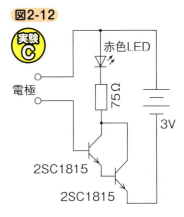

図2-12

実験C

赤色LED
電極
75Ω
3V
2SC1815
2SC1815

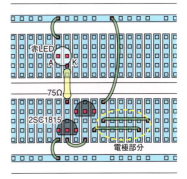

赤色LED
A K
75Ω
2SC1815
電極部分

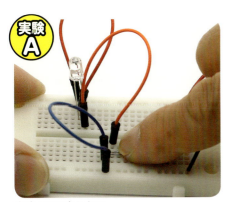

実験A

実験Aでは光らない。

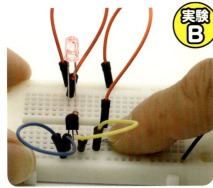

実験B

実験Bでは光り方が弱い。

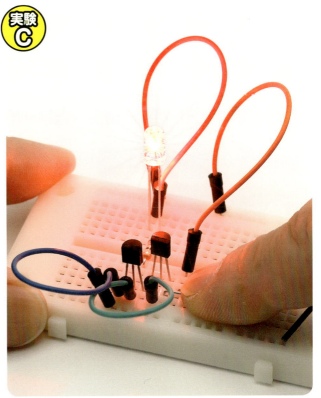

実験C

実験Cでは十分光った。

コンデンサーを使う

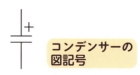

コンデンサーの
図記号

電荷

物質を構成する素粒子には電気的な
性質があり、プラスの性質は正電荷、
マイナスの性質は負電荷と言われま
す。それぞれ陽子、電子のことを指
します。

図2-13

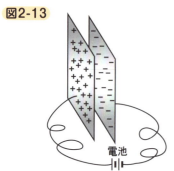

金属板を近づけるとそれぞれの極が
お互いに引き合い、より多くの電気
が集まる

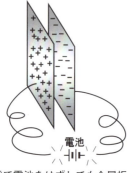

この状態で電池をはずしても金属板
にはそれぞれ引き合っている電気が
あるので、結果として電気がたまっ
ている状態（充電）となる

コンデンサーの仕組み

電気は金属の中を流れますが、もちろん金属がつな
がっていなければ流れません。電池で考えると、プラス
からマイナスに導線がつながっていれば電気が流れます
が、つながっていないと流れません。

また、磁石のN極とS極が引き合うように、電気のプ
ラスとマイナスも引き合います。もっと言うと、電線が
つながっていれば引き合うので電気が流れる、というこ
とにもなります。

では、つながっていない空間の中でプラスとマイナス
が接近している状態をつくるとどうなるのでしょうか？

金属の板2枚を接触しないように平行に向かい合わせ
にします。そして、それぞれにプラスとマイナスの電気
をつなげます。すると、金属板にはそれぞれプラスの電
荷、マイナスの電荷が集まり、さらに空間を隔ててお互
いに引き合うようになります。ここで、電気を切っても
金属板で引き合った電荷は引き合ったまま、動けない状
態になります。つまり、電荷がそこにたまったままにな
ります。言葉を換えれば電気がたまった状態、つまり充
電された状態になるのです（2-13）。

それぞれの導線をここで接触させると、空間を隔てて
引き合った状態のプラスとマイナスがもっと通りやすい
道を見つけたぞ、と言わんばかりに導線を通ってお互い
にくっつきます。これを放電と言います。

これがコンデンサーの原理と仕組みです。

導線を接続するとマ
イナスの電子が引き
合っているプラス側
に移動する。これが
放電現象

放電の時にLEDな
どを接続すれば、一
瞬光ることで電気の
流れを確認できる

コンデンサーをつくってみる

　ブックタイプのクリアファイルとアルミホイルを使って、簡単なコンデンサーをつくってみましょう。**2-14**のようにファイルのポケット（袋になってる部分）と、ページの間（見開き部分）に交互にアルミホイルを挟んでいきます。ビニールは絶縁体ですから電気は流れません。ですから、全体としては平行に置かれた金属板と同じ状態になります。

　この一部をミノムシクリップを挟んで電極にします。板は近いほうが電気のプラス、マイナスが引き合いやすくなるので、ファイルの上に本などを置いておもしにするとよいでしょう。

　また、何ページもつくると上下間にもプラス、マイナスが引き合い、面積が大きくなるので、より一層多くの電気がたまりやすくなります。それぞれの一部をミノムシクリップで挟んで電極にします。これに乾電池をつなぎ、数秒後に電池を外します。その後、LEDをつなげてみましょう。

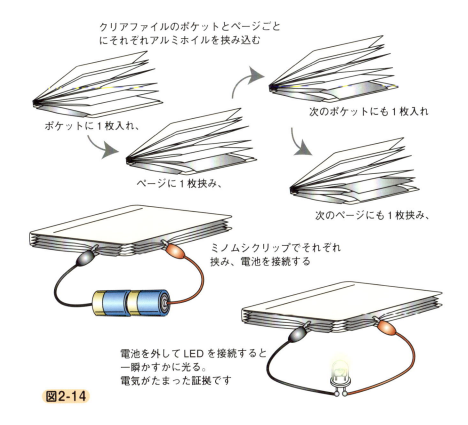

クリアファイルのポケットとページごとにそれぞれアルミホイルを挟み込む

ポケットに1枚入れ、

次のポケットにも1枚入れ

ページに1枚挟み、

次のページにも1枚挟み、

ミノムシクリップでそれぞれ挟み、電池を接続する

電池を外してLEDを接続すると一瞬かすかに光る。
電気がたまった証拠です

図2-14

図2-15

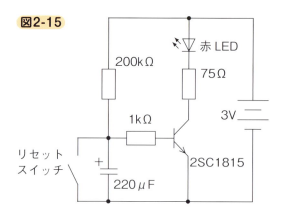

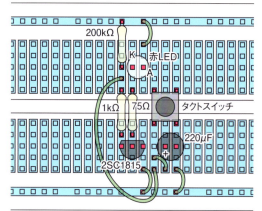

電解コンデンサーは足が長いほうがプラス側、短いほうがマイナス側。または白い目印があるほうがマイナス側になる。向きに注意して接続すること。

コンデンサータイマー実験

　コンデンサーは電気をためることのできる部品です。つまり、充電ができます。いっぱいに充電するまでには時間がかかりますが、その時間をタイマーとして使うことができるのではないでしょうか？

　2-15の回路図で、電気の流れを順番に追ってみましょう。まず、プラス側の電源から流れた電気は、200kΩの抵抗器を通って220μF の電解コンデンサーを充電し始めます。この時点では、トランジスターのベースに電気が流れないので、スイッチングOFFの状態です。ですからLEDは消えています。

　コンデンサーに十分電気がたまると1kΩの抵抗器を通り、トランジスターのベースに流れ込みます。するとスイッチングONとなり、LEDが光ります。実測では7〜8秒程度でつき始め、10秒程度で完全に点灯しました。左のリセットスイッチに

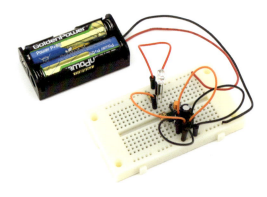

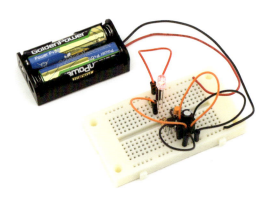

コンデンサーに電気がたまると、トランジスターのベースに電気が流れ込むようになり、スイッチングONとなってLEDが点灯する（トランジスターのスイッチングは、充電状態によりゆっくり光り出しますので、正確な時間は計れません）。

より、コンデンサーのプラス側、マイナス側がショートし、放電しきると、最初の状態に戻ります。

　コンデンサーに流れ込む電気が少なければ充電しきる時間が長くなるので、200kΩの抵抗器を抵抗値の高いものにすると、その分、時間が延びます。そして、反対に抵抗値の低いものにすると短くなります。また、コンデンサーの容量が大きくなれば、いっぱいになるまで時間がかかるので、容量が大きいと時間が長く、小さいと短くなります。

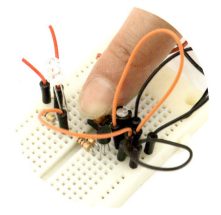

リセットスイッチを押すとコンデンサーのプラス側、マイナス側がショート状態になるので、コンデンサーが放電して、電気が空の状態に戻る。

コンデンサーの静電容量

　コンデンサーは電気をためることのできる部品ですが、ためられる電気の量のことを静電容量と言います。単位は「F（ファラッド）」です。

　製品にもよりますが、コンデンサーの表面にその静電容量が表記されています。電解コンデンサーの場合は、例えば「16V10μF」などと、そのまま表記されることが多いのですが、積層セラミックコンデンサーなどの小さな部品では、3けたの数字で表示されています。

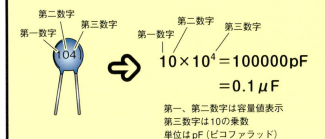

$$10 \times 10^4 = 100000pF$$
$$= 0.1\mu F$$

第一、第二数字は容量値表示
第三数字は10の乗数
単位はpF（ピコファラッド）

単位の接頭語

　数字を扱う上で、桁数が増えていくと表記などがややこしくなってしまうので、区切って表記しています。電子工作などでよく使う接頭語は、主にメガ、キロ、ミリ、マイクロ、ナノ、ピコです。

T（テラ）	$=10^{12}$ $=1,000,000,000,000$
G（ギガ）	$=10^9$ $=1,000,000,000$
M（メガ）	$=10^6$ $=1,000,000$
k（キロ）	$=10^3$ $=1,000$
h（ヘクト）	$=10^2$ $=100$
da（デカ）	$=10^1$ $=10$
d（デシ）	$=10^{-1}$ $=0.1$
c（センチ）	$=10^{-2}$ $=0.01$
m（ミリ）	$=10^{-3}$ $=0.001$
μ（マイクロ）	$=10^{-6}$ $=0.000001$
n（ナノ）	$=10^{-9}$ $=0.000000001$
p（ピコ）	$=10^{-12}$ $=0.0000000000001$

コイルを使う

図2-16 右ネジの法則

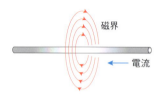

磁界

電流

ネジが進む方向　ネジをまわす

右手の親指が電流
他の4本の指が磁力線

図2-17 電磁石

電線をぐるぐると巻いただけで
電磁石をつくることができる

図2-18

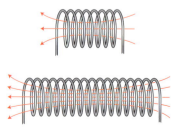

ぐるぐる巻くことで磁力を起こす

導線に電気を流すと周りに磁界（23ページ参照）が生じます。電気がプラスからマイナスに流れるように磁界にも方向があり、N極からS極へ流れます。また、導線の周りでは、電気の流れに対して右回りに磁界ができます。これをネジの進行方向と回転方向になぞらえ、「右ネジの法則」（2-16）と呼んでいます。または、右手で図のように表現できることから「右手の法則」、あるいは発見者にちなんで「アンペールの法則」とも言います。

電線をぐるぐると巻くと、磁界が強くなります。この性質を使ったものがコイルです。コイルには磁界ができるので、磁石と同じように使うことができます。それが「電磁石」（2-17）です。導線をたくさん束ねることによって、生じる磁力を強くすることができます。つまり、ぐるぐると多く巻くことによって、より強い磁力を得ることができるのです（2-18）。

コイルは、シンプルな構造ですが応用範囲は広く、モーターなどの動力やダイナミックスピーカー、2つのコイルで構成される変圧器など、いろいろなものに利用されています。回路の中では他の部品と組み合わせて、発振回路や同調回路などの中で、重要な役割をします。特に、コイルは電子工作の基本と言ってもいいラジオ工作にもよく使います。

モーターの動力を確かめる実験

　いろいろな働きがあるコイルですが、磁界を発生する電磁石の応用として、シンプルなモーターをつくってみましょう。

　エナメル線をぐるぐる巻きにしたコイルに電気を流すと磁界が発生し、これに磁石を近づけることで、くっついたり反発したりする動力が生まれます。コイルの軸になる導線の被覆を片方だけ半分はがしたのは、全部はがして電気が流れたままの状態では、コイルは回転せずに横を向いて止まってしまうから。電気が流れたり止まったりすることで、コイルの回転子（かいてんし）が慣性（かんせい）で回り続けるモーターになります。

慣性
他からの力の影響がない場合のその運動を維持する物質の特性。摩擦などを考えなければ、回転しているものが途中でいきなり止まったり、速くなったりせず、回転し続けます。

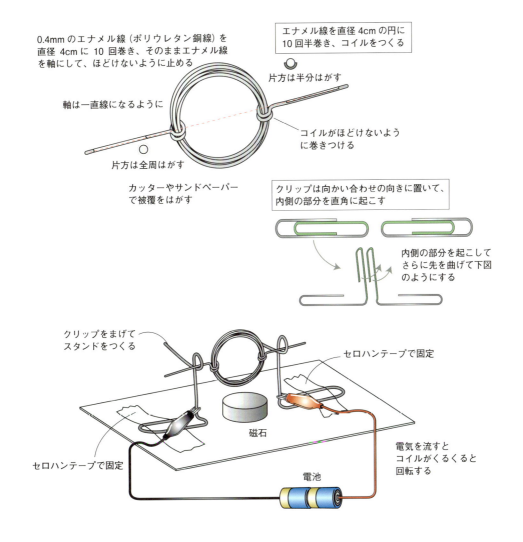

0.4mm のエナメル線（ポリウレタン銅線）を直径 4cm に 10 回巻き、そのままエナメル線を軸にして、ほどけないように止める

軸は一直線になるように

エナメル線を直径 4cm の円に 10 回半巻き、コイルをつくる

片方は半分はがす

コイルがほどけないように巻きつける

片方は全周はがす

カッターやサンドペーパーで被覆をはがす

クリップは向かい合わせの向きに置いて、内側の部分を直角に起こす

内側の部分を起こしてさらに先を曲げて下図のようにする

クリップをまげてスタンドをつくる

セロハンテープで固定

セロハンテープで固定

磁石

電気を流すとコイルがくるくると回転する

電池

センサーを使う

センサーが電子工作をおもしろくする

世の中にはいろいろなセンサーがあります。家電製品やパソコン、携帯電話など身近なものから、町に出れば交通機関や各種のお店、大きなビルや駅舎などの施設にも、さまざまなセンサーが使われています。

<mark>センサーとは状態を感知し、電気信号に変えるものです。</mark>例えば光センサーは光の状態、つまり明るさを感知する部品ですし、温度センサーは温度を感知するものです。押しボタンスイッチも、押されたかどうかを感知するものと考えれば、ある種のセンサーとも言えます。**2-19**のようなセンサーが電子工作でよく使われます。

図2-19 さまざまなセンサー

光センサー	フォトトランジスター、フォトダイオード、CdS、光電池パネルなど、素材や仕組みによっていくつかの種類があります。いずれも明るさの変化を電気信号に変換します。特に、屋根の上の太陽光パネルをはじめ、電卓や時計などに使われる光電池パネルは、電源として電気をつくり出すことができます。
温度センサー	サーミスターや熱電対など、温度による抵抗値の変化などで電気信号としてとらえることができる部品です。
音センサー	音を電気信号に変えるものはマイクです。音、つまり空気の振動を感知できればよいので、いろいろな仕組みのものがあります。ダイナミックスピーカーや圧電スピーカーなども、マイクとして使うことがあります。
水センサー	純水ではない普通の水は電気を通すので、2つの電極間に水が触れれば、抵抗値の変化がわかります。また、空気中の水分を吸収しやすい素材を使えば、湿度を計ることもできます。
傾きセンサー	接地したセンサーが傾いたかどうかを感知します。ケースの中に鋼球が入っていて、傾くと接点に触れるというものです。その他、光センサーと組み合わせて、鋼球が光をさえぎることで傾きを感知するものや、水銀を使って接点を接触させるものなど、仕組みはさまざまです。
磁気センサー	磁石が鉄を引き寄せる性質を使って、接点を接触させるリードスイッチや、コイルなどを使ったものがあります。金属弦を使うエレキギターのピックアップも、一種の磁気センサーです。

フォトトランジスターの明るさ感知実験

センサーを使って実験します。ここで扱ったのは光センサーのフォトトランジスター NJL7502L です。この部品は人間の視覚に近い明るさを感知できるので、明るいか、暗いか、きちんと反応しているかどうかを目で見て確かめることができます。<mark>明るいと電気がたくさん流れ、暗いと流れません。</mark>

まずは **2-20** のように電流制限抵抗器、LED、フォトトランジスターを直列に接続します。明るくなれば、フォトトランジスターに電流が流れるようになるので、LED も光るのではないでしょうか？

実際に実験すると、使用するLEDの輝度にもよりますが、確かに光ります。しかし、その明るさは非常にかすかです。また、明るくなると光るので、その光はあまり目立ちません。試しに、フォトトランジスターを手で覆って暗くしたり、別のライトの光を当てて明るくしたりして、LEDの光の明るさを比べると、ごくわずかですが確かに変化するのがわかります。

明るさがかすかなのは、このフォトトランジスターの明るさに対する出力（増幅率）が非常に低いためです。とはいえ、光に反応して電気の流れが変化しているのはわかりますので、LEDを点灯させるためのトランジスターを別に接続し、フォトトランジスターの反応を増幅してLEDを明るく点灯させることにします。

図2-20

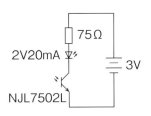

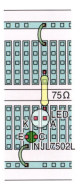

フォトトランジスターは足が長いほうがコレクター（C）。向きに注意すること。

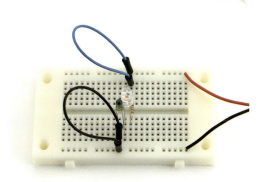

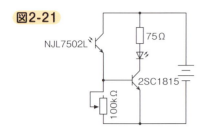
図2-21

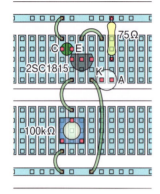

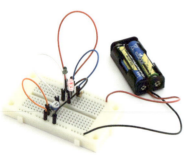

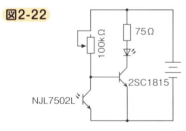

感度調整の機能を入れてみる

2-21で、LEDはトランジスター2SC1815のコレクターに接続され、電源からフォトトランジスターを通して、トランジスターのベースに電気が流れるようにしています。暗い状態ではフォトトランジスターに電気は流れませんが、明るくなって電気が流れるとトランジスターがスイッチングONとなり、LEDが点灯します。ただし、どれぐらいの明るさで点灯するかわからないので、100kΩの可変抵抗器を接続し、トランジスターのベースに流れる電気と可変抵抗器を通して流れる電気の調整ができるようにしました。いわば感度の調整のためのものです。実際に実験する場の明るさによって、光ったり、光らなかったりしますが、可変抵抗器で感度を調整することで、手で覆うと消え、明るくなると光るという実験ができます。

暗くなると光るように改造

さて、これで光センサーとしての反応は実験できたのですが、一般に照明が必要なのは暗いところですから、明るくなると光るより、暗くなると光るほうが便利ですよね。

その場合は**2-22**のような形に組み替えます。今度はフォトトランジスターと可変

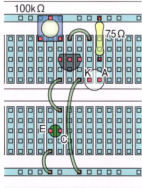
図2-22

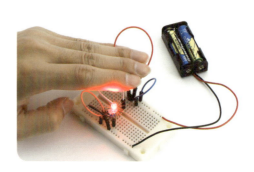

抵抗器の位置を逆にしました。プラス側から流れてくる電気は、可変抵抗器を通してトランジスターのベースに流れますからLEDは光ります。ところが、明るくなってフォトトランジスターにも電気が流れるようになると、今度はトランジスターのベースはマイナス側に接続されている状態と同じことになるので、スイッチングOFFとなり、LEDは消灯します。可変抵抗器を調節すると、手で覆って暗くなるとLEDが光り、明るくなるとLEDが消えるという仕組みができあがります。

そしてもうひとつ。今度はトランジスターを変えてみましょう。前ページではNPN型のトランジスターでしたが、2-23ではPNP型にしています。2SA1015は2SC1815と同じ性能ですが、NPN型とPNP型の違いで動きがプラス、マイナスで逆になります。このようなトランジスターをコンプリメンタリと言います。LEDと電流制限抵抗器は、コレクターに接続しますからマイナス側になります。この回路では、フォトトランジスターは可変抵抗器のマイナス側にあるので、暗い時にはフォトトランジスターに電気は流れず、トランジスターのベースはプラスの電気が多くなり、スイッチングOFFでLEDは消えています。明るくなればフォトトランジスターに電気が流れるので、トランジスターのベースはマイナスが多くなり、スイッチングONとなってLEDが光ります。

2-24では、反対に暗い時にLEDが光ります。前ページの回路図と比べると、トランジスターがNPN型かPNP型かの違いで、動作が逆になることがわかります。

図2-23

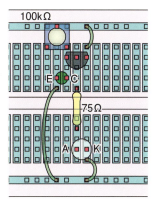

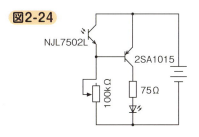

コンプリメンタリ

構成素材、増幅率や許容電流などの性質が同じでプラスとマイナスが逆の用法、接続で用いられるトランジスターをそれぞれコンプリメンタリと呼んでいます。

図2-24

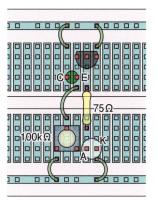

スイッチを使う

スイッチ回路記号

トグルスイッチ

押しボタンスイッチ

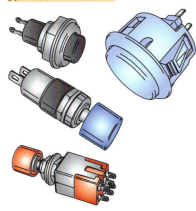

タクトスイッチ

スライドスイッチ

DIPスイッチ

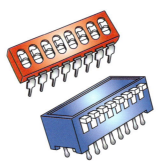

マイクロスイッチ

いろいろなスイッチを使い分ける

スイッチは電気の通り道（電路）の開閉に使います。開閉よりも、スイッチONとかOFFのほうが耳になじんでいるかもしれません。家庭やオフィスにある照明のON-OFFは毎日操作していることでしょう。よく使われている、シーソーのような動きをするこれらのスイッチは、タンブラスイッチ、あるいは波動スイッチなどと呼ばれています。

その他、棒を上下、あるいは左右に押し倒す**トグルスイッチ**、指でボタンを押す**押しボタンスイッチ**、**タクトスイッチ**、基板に取りつける小さな**スライドスイッチ**、**DIPスイッチ**、回転させるロータリースイッチ、小さな**マイクロスイッチ**などなど、スイッチにはたくさんの種類があります。

しかし、スイッチの役割は電路の開閉です。電子工作では、主に電源のON-OFFのための電源スイッチ、あるいは回路を切り替えるスイッチとして使われます。

構造はいたってシンプルで、金属の接点があり、これが接触するかしないかでON-OFFを切り替えています。もちろん接触すればONですし、していなければOFFです。

どこを押せば光る？
スイッチ実験

　スイッチを使って実験してみましょう。もちろん、スイッチは電路をつなぐものなので、スイッチを入れると電気が流れます。**2-25**はLEDと電流制限抵抗、スイッチを直列につないだもの。スイッチを入れればLEDが光ります。ここではタクトスイッチを使っているので、押せば光り、放せば消えます。

　2-26はスイッチを直列につないでいます。スイッチを両方押さなければLEDは光りません。また、**2-27**はスイッチを並列につないでいます。これはどちらか一方、あるいは両方のスイッチが押されていればLEDが光ります。実は、<mark>この2つの回路はロジック回路のAND回路、OR回路のシンプルなモデルになっています。つまり、デジタル回路の最小単位の仕組みとも言えます。</mark>

図2-26

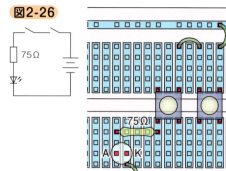

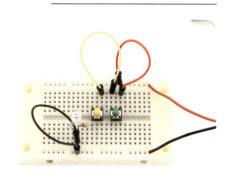

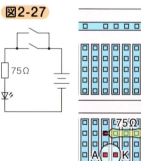

図2-27

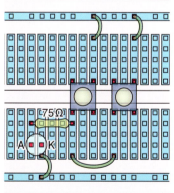

図2-25

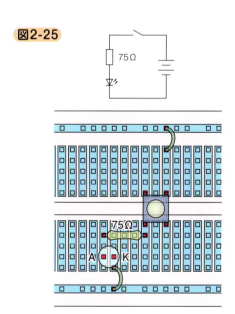

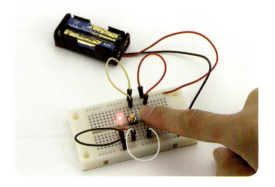

図2-28

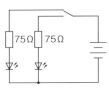

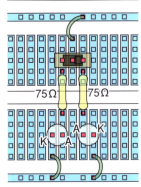

75Ω   75Ω

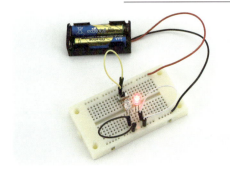

図2-29

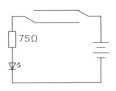

75Ω

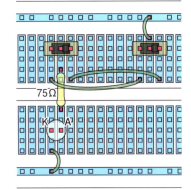

75Ω

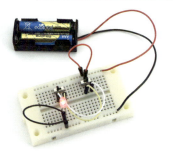

双投型のスイッチを使った実験

2-28は双投型のスイッチを使っています。双投型は3本の端子を使っていて、中央端子から両方の端子のどちらか一方に接続されているものです。トグルスイッチ、スライドスイッチ、マイクロスイッチによく使われています。この回路図では中央端子が上の端子に接続されているので、左側のLEDが光りますが、スイッチを操作することで下の端子に切り替わり、左側のLEDは消え、右側が光ります。

2-29は双投型のスイッチを2つ使っています。この回路の状態ではLEDは光りませんが、どちらか一方のスイッチを操作し、反対の端子に接続するとLEDが光ります。また、LEDが光っている状態で、どちらか一方のスイッチを切るとLEDは消えます。つまり、右のスイッチを入れた状態でも、左のスイッチだけでLEDの点灯と消灯ができるし、逆もできます。この接続方法を三路スイッチと言い、例えば階段の上と下、長い廊下の向こうと手前のように、2つのスイッチが離れた場所にあっても、片方だけでON・OFFの操作ができます。

いろいろな部品

　電子工作で使う部品はこれまで紹介した代表的なもの以外にも、実にたくさんの種類があります。電子部品ショップや部品の通販サイトなどを見てみれば、とても使い切れないぐらいあることがわかります。

　小さなパッケージに複雑な機能が詰め込まれた集積回路（IC）や、プログラムが組めるマイコンも電子部品の1つと考えてもいいでしょう。基板やラグ、ソケットなどの接続や配線に関わるものもあります（24ページ参照）。

　また、電子回路としての部品以外にも、工作の内容によっては必要なものが変わってきます。ロボットをつくろうとしたら、モーターの動力を伝えるギヤボックスなど駆動部品も必要ですし、安定化電源をつくろうとしたら、ヒューズやコンセントプラグのような、電気工事に関わるものも必要です。

　その他にも、工作に必要なものを自分で工夫してつくることが求められる場合があります。例えば、工作した基板に合わせてケースをつくる場合、市販品のケースを加工する必要があるかもしれませんし、自分の求めるイメージに合わなければ、自分でつくるしかありませんが、そこがオリジナリティにつながり、電子工作のおもしろさでもあるのです。

マイコン

マイクロコンピューターやICのような機能が集約された装置も作品の中では部品のひとつ。

ギア

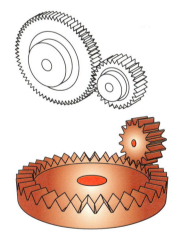

ものを動かすにはギアのような駆動部品も必要。

コラム

電子部品の入手方法

電子工作で使う部品は、スーパーや文具店などでは扱っていません。ホームセンターや模型店などの中には、扱っているところがあるかもしれませんが、専門ショップに行くとやはり種類も在庫も豊富です。機会があったら、ぜひとも足を運んでいただきたいと思います。東京なら秋葉原、大阪なら日本橋に専門ショップ街があるので、部品を買う時は実際に目で見て確認することをおすすめします。

しかし、その他の地方ではこのような専門ショップは少なく、部品入手には手間取ることがもあるかもしれません。とはいえ、今ではインターネットを通じて、通信販売で買うことも簡単にできるようになりました。

ネットショップで注意したいのが、似たような品番で異なるものがあったり、大きさが

わかりにくかったりすることです。写真があれば確認したほうがいいでしょう。ですから、工作のデザインや基板設計をするのは、部品の確認をした後にしたほうが賢明です。また、電子部品には同じ品番でもパッケージの異なるものがあるので要注意。例えば、ユニバーサル基板を使うつもりなのに、買ったものが表面実装※用のチップ部品だったりすると、これはもう使えません。写真をよく確認し、不明なところがあれば直接ショップに電話して確かめましょう。

著者が電子工作の連載をしている雑誌『子供の科学』では、紹介した工作で使用する電子部品をセットにして通信販売をしています。本書で紹介する工作と同じ回路のものもありますので、こちらもチェックしてみてください。

※表面実装
ユニバーサル基板や一般のプリント基板は、樹脂などの板に銅はくのランドがあり、部品面から端子を穴に差し込んで、ハンダ面でランドにハンダづけします。これに対し、表面実装は基板の表面、複雑な場合両面にランドがあり、端子を穴に差し込むのではなく、直接ハンダづけします。ですから、表面実装用の部品は端子が小さく、短いのです。

第3章
回路を組む

この章では、
電子部品を組み合わせて
さまざまな機能をもたせる
回路の種類とその仕組みを
見ていきます。
複雑な回路図を読み解いていく
ポイントも紹介しましょう。

電子回路とは

無数にある部品の組み合わせ

　電気の流れる道を電路と言い、電路によって部品が組み合わされたものを電子回路と言います。<mark>電子工作にはさまざまな機能をもった回路があり、これらを組み合わせれば、より複雑な機能をもたせることができます。</mark>

　例えば、豆電球と乾電池を直列に接続すれば豆電球は光ります。本書の最初に紹介したシンプルな回路ですが、スイッチをつければ点灯、消灯をさせることができます。

　さらに、スイッチを2個つけてスイッチのON-OFFの組み合わせで点灯、消灯を制御することもできます。2個のスイッチを直列にすれば、両方ONで点灯しますし、両方あるいはどちらか片方がOFFなら消灯です。スイッチを並列にすれば両方OFFで消灯、どちらか片方だけでもONなら点灯です (**3-1**)。

　少し複雑になってきました。このような機能がそれぞれの回路や部品でできるとしたら、組み合わせはたくさんあります。

回路の組み合わせで装置ができあがる

　例えば「ラジオ」という装置を機能で分解して考えてみましょう。ラジオは、まず電波をアンテナという部品で受け、コイルとコンデンサーの「同調回路」で局を選び、ダイオードの「検波回路」、「増幅回路」で音声の周波数を取り出し、信号を大きくします。そして、イヤホンやスピーカーなどの発音部品で電気信号を音に変えることで、番組を聞くことができるようになります (**3-2**)。

　このように、<mark>さまざまな機能をもつ電子部品を組み合わせて回路を構成することで、目的の機能を果たす装置をつくるのが電子工作です。</mark>また、電子部品にいろいろな機能があるように、回路にもいろいろな機能があります。言葉を変えると、部品の機能を活かし、さらに使い

図3-1

豆電球
乾電池
シンプルな回路

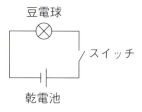
豆電球
スイッチ
乾電池
スイッチで ON-OFF を
コントロールする回路

豆電球
乾電池
両方のスイッチ ON で
豆電球が点灯

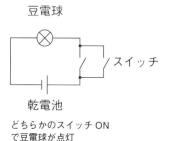
豆電球
スイッチ
乾電池
どちらかのスイッチ ON
で豆電球が点灯

図3-2

アンテナ

イヤホン・
スピーカー

同調回路　→　検波回路　→　増幅回路

やすくするために回路をつくる、と言ってもいいでしょ
う。

　例えば、トランジスターの機能は増幅とスイッチング
ですが、電波のような小さな信号を同調、検波しても、
1つのトランジスターで増幅しただけでは、イヤホンで
聞こえる程度にしかなりません。もちろん、これでもラ
ジオとしての機能は果たしていますが、スピーカーから
大きな音で聞きたいと思った時には、それだけでは難し
いのです。さらに、スピーカーを駆動できるような回路
や、雑音を防止する回路などが必要になるでしょう。

　このように、あるひとつの目的を果たすためにも、い
ろいろな機能をもつ回路の組み合わせが必要なのです。
ここでは、電子工作でよく出てくる回路を実験で確かめ
ながら、機能を覚えていきましょう。章の終わりには、
なんとなく回路図が読めるようになってくるはずです。

発振回路を組む

図3-3

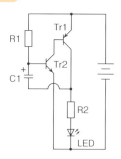

図3-4

❶ 竹筒の中に水がたまり始める。

❷ 水がいっぱいになると竹筒が傾き水をこぼす。

❸ 水をこぼし終わると元に戻る。（❶に戻る）

LEDの点滅や音程の調整に使う

発振回路は電気の波（振動）をつくる回路です。「交流」や「脈流」とも言われますが、これはどこを基準値にするかで変わります。

シンプルな用途としてはLEDをピカピカ点滅させたり、電気の波をスピーカーから音として取り出したりすることもできます。ICを使う場合の**クロック信号**としても多用されています。

弛張発振回路の機能

発振回路の中のひとつ、NPN型とPNP型トランジスターによる**弛張発振回路**の仕組みを見てみましょう（**3-3**）。抵抗器R1を通してコンデンサー C1に充電します。C1が充電しきるとトランジスター Tr2のベースに電気が流れ、Tr1をスイッチングONにしてLEDが光ります。

この時同時にC1が放電され、最初の状態に戻り、この充電と放電を繰り返すことで発振します。これにより、LEDはコンデンサーの充放電の間隔で、点滅を繰り返します。LEDは電流制限抵抗器R2によっては光が確認できない場合があります。その場合は抵抗器を外せば機能します。

弛張発振回路は、日本庭園などにある「ししおどし」に例えられます（**3-4**）。水が電気、竹筒がコンデンサーにあたり、竹の筒に水を注ぎ、いっぱいになると水がこぼれるイメージです。コンデンサーの容量やコンデンサーに流れ込む電気を制限する抵抗器の値によって、発振する間隔が変わります。

弛張発振回路の実験

NPN型とPNP型トランジスターによる弛張発振回路です。

図3-5の左側にある100kΩの抵抗器を通して、100μFのコンデンサーに電気がたまります。つまり充電します。コンデンサーが充電しきるとトランジスター2SC1815のベースに電気が流れ、スイッチングON状態になり、トランジスター2SA1015もスイッチングON状態になります。

するとこのコレクターに電気が流れるので、コンデンサーのマイナス側へも電気が流れることになり、コンデンサーは放電状態になります。この時に同時に右側のトランジスター2SC1815のベースへも電気が流れ、これをスイッチングON状態にするのでLEDが光ります。つまり、コンデンサーに電気がたまりきると放電され、またたまり始めるという形になり、発振します。

図3-5

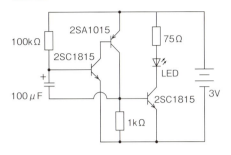

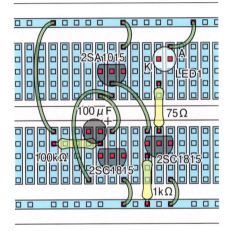

この実験ではLEDが約1秒に1回光ります。

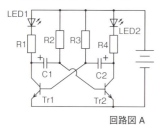

図3-6

NPN 型トランジスターによる
非安定マルチバイブレーター

回路図 A

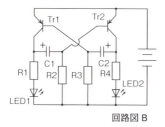

PNP 型トランジスターによる
非安定マルチバイブレーター

回路図 B

図3-7

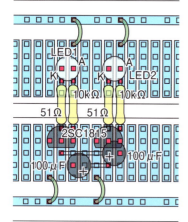

非安定マルチバイブレーターの機能

　発振回路のひとつ、非安定マルチバイブレーターもよく使う回路です。<mark>トランジスターのベースに接続された線がタスキ掛けのようになっていて、回路図は左右対象形です</mark>（**3-6**）。

　3-6の回路図Aで考えると、コンデンサーC1が充電されている時にはC1のプラス極側にプラス、マイナス極側にマイナスの電気がたまっているので、R2を通してマイナス極側にプラスがたまり始めます。プラスがたまりきるとTr2のベースに電気が流れるので、Tr2をスイッチングし、LED2が光ります。すると、C2のプラス極はマイナス側に接続されているのと同じなので、マイナスがたまります。そうするとC2のマイナス極はR3を通してプラスの電気がたまり、たまりきるとTr1のベースに流れます。するとTr1のベースに流れ……というように、<mark>交互にコンデンサーが充放電を繰り返し、トランジスターをスイッチングすることでLEDが交互に点滅します。</mark>

　この仕組みをブレッドボードで実験したのが**3-7**です。

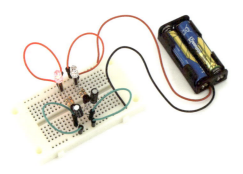
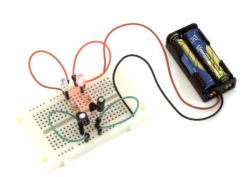

約1秒ごとに交互点滅を繰り返します。

LEDの点滅時間を変更するには？

　2つのコンデンサーが充電・放電する時間差の大きさは、コンデンサーの容量と、そこに電気を流す抵抗値で決まります。コンデンサーを固定し、抵抗器を可変させようとしたら、**3-6**の回路図ではR2とR3が有効でしょう。この2つの抵抗値を変えることで、LEDの点滅時間を変更することができます。

パルス幅変調（PWM）

　人間の目には、光がある程度以上で高速に点滅すると、点滅していることがわからなくなります。同じ1周期であれば、その中の光ってる時間と消えてる時間の割合によって、明るさが変化したと認識されます。これを「パルス幅変調（PWM）」と言います。PWMにより、非安定マルチバイブレーターの回路で点滅時間を調整することで、LEDの明るさを調整することも可能です。この原理も電子工作でよく使うので、ここで覚えておきましょう。

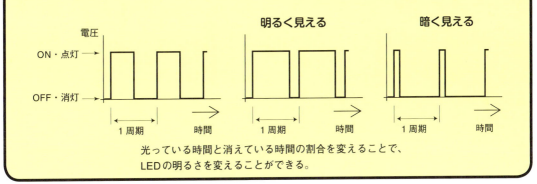

光っている時間と消えている時間の割合を変えることで、
LEDの明るさを変えることができる。

まだある発振回路

　発振回路にはいろいろな種類があります。非安定マルチバイブレーターの仲間にも、**単安定**（たんあんてい）と**双安定**（そうあんてい）というものがあります。さらに、コイルとコンデンサーを組み合わせた**LC発振回路**、抵抗とコンデンサーの**CR発振回路**、水晶やセラミック振動子を使った**振動子発振回路**、ロジックICのNOT回路による**インバーター発振**、専用タイマーICを使った発振など、実にさまざまです。

　さて、ここで非常にシンプルな発振回路を紹介しましょう（**3-8**）。電磁石（コイル）と電池だけでできています。電磁石は鉄芯（てっしん）にエナメル線を巻いたもので、電源

単安定

この回路自体では自動的に発振しませんが、外部からのパルスによって一定時間のみON、またはOFFの状態を維持します。いわばパルスの1周期分のみの発振です。

双安定

2つの出力の切り替え回路になります。2つのうち片方だけをONにし、その状態を維持しますが、その制御は外部からのスイッチングによります。

LC発振回路

コイル（L）とコンデンサー（C）の組み合わせで構成する発振回路です。コンデンサーにたまった電気がコイルを通る時、コイルは電気を反対方向に流すよう抵抗するので、これを繰り返すことで発振します。

CR発振回路

コンデンサー（C）と抵抗（R）による発振回路です。LC発振回路のコイルの替わりに抵抗器を使っています。

振動子発振回路

水晶発振子、セラミック発振子は電圧をかけると特有の電気的発振が得られます。発振周波数の精度が高いのが特徴です。

インバーター発振

NOT回路は1の入力に対して0を出力し、0を入力すると1を出力します。これを繰り返すような回路を組むと出力は1、0、1、0と繰り返します。これを発振回路として使います。

を入れると磁石になります。この上に、鉄片の接点をつくっておき、これをスイッチにします。電気を流すと、電磁石によって鉄片が吸い寄せられるので、電気がOFFになります。すると鉄片は元に戻るので再び電気が流れ、電磁石に吸い寄せられます。これを繰り返すのです。

これだけでもブザーの原理で音が鳴りますし、断続的に電気が流れるので発振回路にもなります。ただし、発振信号としてはかなり荒いので、用途は限られます。

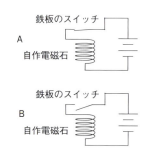

電磁石のつくり方

ボール紙の円盤
20mm
テープ
15mm
M5×25mm ボルト

巻く
0.4mmのエナメル線

巻き終わりがほつれてしまう場合は2本を絡ませるとよい

図3-8
電磁石を使って3連ブザーにした例

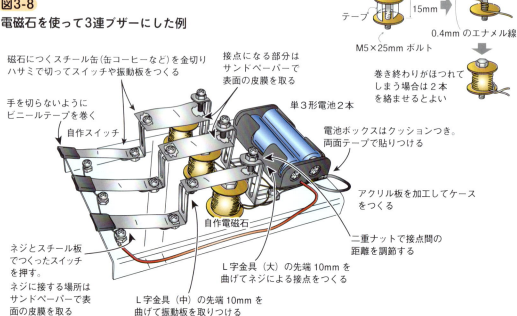

磁石につくスチール缶（缶コーヒーなど）を金切りハサミで切ってスイッチや振動板をつくる

手を切らないようにビニールテープを巻く
自作スイッチ

ネジとスチール板でつくったスイッチを押す。ネジに接する場所はサンドペーパーで表面の皮膜を取る

接点になる部分はサンドペーパーで表面の皮膜を取る

単3形電池2本

電池ボックスはクッションつき。両面テープで貼りつける

アクリル板を加工してケースをつくる

二重ナットで接点間の距離を調節する

自作電磁石

L字金具（大）の先端10mmを曲げてネジによる接点をつくる

L字金具（中）の先端10mmを曲げて振動板を取りつける

増幅回路を組む

トランジスターで増幅する

増幅回路は、小さな信号を大きくする回路です。そのためにトランジスターを使います。トランジスターの役割は増幅とスイッチングですから、目的そのものの役割であると言えます。

トランジスターの入力信号に対する出力信号の増幅率はh_{FE}（37ページ参照）で表されます。製品によってこの値はさまざまで、ひとつの製品でもこの増幅率でランクが変わります。例えば、2SC1815のデータシートを見ると、最小70〜最大700までの幅があります。これは使用条件によってかなり変化するわけですが、この製品の中でも増幅率を保証する範囲でいくつかに分けられています。これがランクです（3-9）。

信号を増幅したいわけですから、h_{FE}は高いほうがよいのです。ただし、h_{FE}が高いほど製品価格も上がります。

h_{FE}が200の場合は、入力信号を200倍にして出力します（3-10）。例えば、0.1mAの入力信号が20mAになるということです。これにより、小さな信号変化しか読み取れないセンサーの信号や、電波のような非常に微細な信号も、大きくして音にしたり、光にしたりして表現することができるわけです。

図3-9

2SC1815

h_{FE}	ランク
70 〜 140	O
120 〜 240	Y
200 〜 400	GR
350 〜 700	BL

図3-10

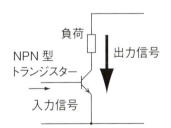

負荷

NPN型
トランジスター

出力信号

入力信号

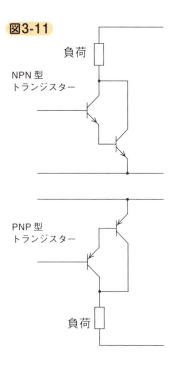

図3-11

負荷

NPN型
トランジスター

PNP型
トランジスター

負荷

図3-12
電界効果トランジスター図記号

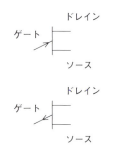

ドレイン

ゲート

ソース

ドレイン

ゲート

ソース

図3-13
オペアンプ図記号

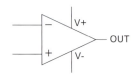

小さい信号はダーリントン接続で増幅

前述のように、トランジスターの増幅率は製品にもよりますが、h_{FE}100なら入力信号を100倍にすることができます。しかし、入力信号があまりにも小さい場合は、これでも足りません。そこで、トランジスターを**3-11**のように2段組み合わせると、100×100で10000倍の増幅率になります。このトランジスターを2段組み合わせた回路を「ダーリントン接続」と呼びます。

例えば、20mAのLEDを負荷部分に電流制限抵抗器と一緒に接続し、これを光らせようとしたら、入力信号は0.002mAの変化があれば可能ということになります。これは、変化の少ないセンサーなどに使えます。

トランジスターの他、同じように増幅やスイッチングを行う部品として、電界効果トランジスター（FET）（**3-12**）やオペアンプ（**3-13**）と言われるものもあります。増幅率や消費電力などの特性は製品によって変わりますが、入力を大きくして出力するという意味では、トランジスターと変わりません。

ICによるオーディオアンプ実験

増幅を確かめるには、音を扱うとわかりやすいです。ステレオミニジャックからの小さな音声信号をスピーカーで聞こえるように大きな音に増幅する実験をしてみましょう（**3-14**）。

この回路では、LM386というオーディオ専用のICを使って、イヤホンジャックからの音声信号をスピーカーの音として出力します。可変抵抗器によって入力の大きさを変化させて、スピーカーの音声を調整することができます。

図3-14 増幅回路実験

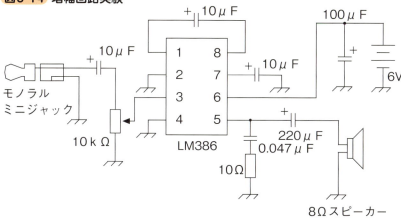

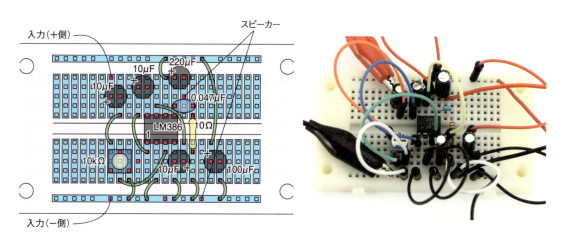

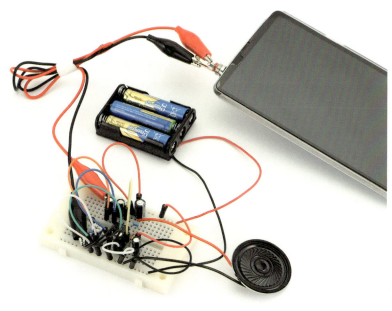

ステレオミニジャックをスマートフォンに接続してみると、スピーカーからスマートフォンの音声が出力された。簡単なアンプ（音声を増幅する装置）のできあがり。

タイマー回路を組む

コンデンサーで時間を計る

　時間を計るタイマー回路は、デジタル時計の中で活躍しています。時計で使われているのは、水晶や石英などの発振子(はっしんし)による発振回路です。これは、非常に正確な周波数を保つ特性があります。タイマーとしての役割は、一定の時間を経てスイッチが入る、一定間隔で信号が出力されるなどです。

　簡単なタイマー回路を組むなら、コンデンサーが使えます。コンデンサーは例えればバケツのようなもので、バケツから水があふれるように、電気が一杯までたまると、こぼれるようになっています。バケツが一杯になるまでの時間を調整したいのであれば、バケツを大きくするか（コンデンサーの容量を上げる）、流れる水の量を減らす（抵抗値を下げて電気を多く流す）かすればいいのです（3-15）。コンデンサーを充電しきるまでの時間を調整することで、コンデンサーから電気があふれ出た時にスイッチが入ったり、信号が出力されたりするタイマーとして使うことができます。

　この仕組みを応用した装置が、96ページで紹介している「キャパシタイマー」です（3-16）。同じ容量をもつ3個のコンデンサーに、異なる抵抗値からの電気を流すことで、3種類のタイミングで光るシンプルなタイマーです。

　また、タイマー回路を組むのに便利なのが、タイマーIC（3-17）です。「タイマーIC555」という8ピンのICがよく使われます。

図3-15

バケツを
大きくする

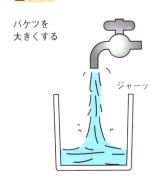

ジャーッ

流れる水の量を減らす

ちょろちょろ

図3-17

タイマーIC555

8 ← 5

555

1 → 4

図3-16

抵抗値を変えることでコンデンサーが
充電するまでの時間差をつけている

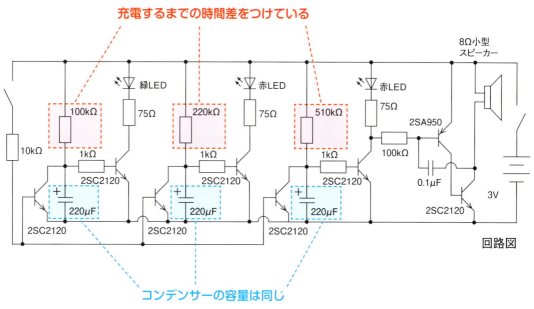

8Ω小型
スピーカー

緑LED
100kΩ 75Ω
10kΩ 1kΩ
2SC2120
+
220μF
2SC2120

赤LED
220kΩ 75Ω
1kΩ
2SC2120
+
220μF
2SC2120

赤LED
510kΩ 75Ω
1kΩ
2SC2120
+
220μF
2SC2120

2SA950
100kΩ
0.1μF
2SC2120
3V

回路図

コンデンサーの容量は同じ

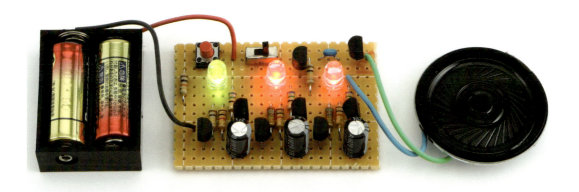

キャパシタイマーの完成写真。最初に左の緑LEDが点灯し、時間差で真ん中、右の赤色LEDが順に点灯。さらに、小型スピーカーからブザーを鳴らす作品です。96ページからでつくり方を紹介しています。

同調回路を組む

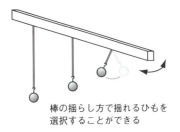

図3-18

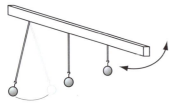

棒の揺らし方で揺れるひもを
選択することができる

同調回路の原理

同調回路は、電気信号の中から必要なものを取り出すための回路のひとつです。例えば、電路を電気が流れているか、流れていないか、電流が大きいか、小さいか、というだけのものなら、そのまま増幅すれば使える電気信号になります。ところが、周波数の異なる電気に信号が乗っていた場合、必要な周波数だけを取り出すことで、混信（こんしん）することなく、信号分だけを得る仕組みが、同調回路です。

物理の実験では、よく**3-18**のようなことをします。おもりをつけた、長さの異なるひもを1本の棒に結びます。それぞれのおもりを揺（ゆ）らしてみると、長いひものおもりが往復する時間より、短いひものおもりが往復する時間のほうが短いでしょう。

次に、ゆっくりと棒のほうを揺らしてみます。すると、長いひものおもりを大きく動かすことができる揺らし方と、短いひものおもりを大きく動かす揺らし方が異なることがわかります。

これは、物体によって共振（きょうしん）する揺れの振幅（しんぷく）、つまり周波数が異なることを確かめる実験です。共振とは、ある振動する物体に同じ振動を与えると、振動が大きくなるという現象です。これと同じように、電気的に共振することを同調と言います。

それぞれのひもを放送局に例えてみます。棒の揺らし方を変えることで、特定の長さのひもだけを大きく動かすことができるように、特定の放送局だけを選ぶことができる仕組みが同調回路のイメージです。

コンデンサーとコイルで同調

図3-19

3-19は、コイル（L）とコンデンサー（C）が接続されたシンプルな回路（LC回路）です。コンデンサーが充電されていれば、接続した時に放電し始めますが、コイルを電気が通る時に磁界が発生します。コンデンサーが放電すると、コイルに発生した磁界の影響で今度は電気が反対方向へ流れ始め、またコンデンサーを充電することになります（**3-20**）。

これが繰り返し続けば発振回路になります。しかし、実際にはエネルギーが消費され、この発振は一瞬で終わります。

つまり、<mark>外からのエネルギー供給がなければ発振は一瞬ですが、外からの同じ周波数のエネルギー供給があれば、ずっと発振し続けます。これが同調です（**3-21**）。</mark>

図3-20

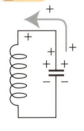 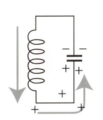 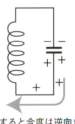 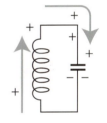

コンデンサーの放電によりコイルへと電気が流れる

コイルに磁力が発生。電気は流れ続けて、コンデンサーの逆極に充電する。

すると今度は逆向きに電気が流れ始める

逆向きに電気が流れ続け、コンデンサーは元の充電された状態に戻り、これを繰り返す。

図3-21

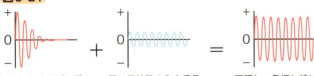

何もしなければ一瞬だけ発振する　　同じ周波数の入力信号　　同調し、発振し続ける

LC回路で同調を確かめる

では、LC回路の同調を確かめる実験をしてみましょう（**3-22**）。

LC回路に、2つのLEDを逆向きに接続した回路になっています。コイルはトイレットペーパーの芯とエナメル線15.5mを使って自作します（**3-23**）。ブレッドボードのジャンパー線とスズめっき線を切り取ったものを使って、簡単なスタートスイッチにしています。では、このスイッチを入れるとどうなるでしょうか？

まず、2つのトランジスターがスイッチONの状態になり、コンデンサーが充電されます。この時、電気はプラスからマイナスへと流れるので、回路図のLED2のほうが光ります。そして一瞬で充電が一杯になり、LED2はすぐに消えて、その後はコイルに直流の電気が流れるだけの状態になります。

では、ここでスイッチを切るとどうなるでしょう？トランジスターはスイッチOFFの状態になりますが、スイッチを離した瞬間、一瞬だけ両方のLEDが光るのが観察できます（**3-24**）。これは、69ページで説明しているLC回路が発振して、電気が行ったり来たりした証拠なのです。

図3-22
同調回路実験

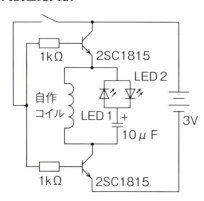

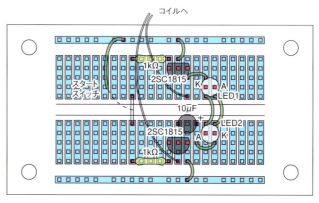

スタートスイッチは簡易にビニール線で接触させるだけにしたので、線の片方を電源のプラス側に差し込み、もう片方を左側のジャンパー線に接触させることで、実験します。

図3-23 コイルを自作する

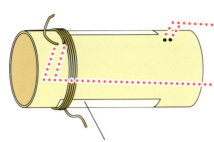

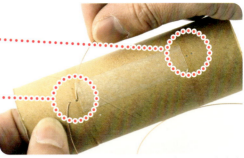

両面テープなどを使いエナメル線が
ほどけないようにするのもテクニックのひとつ

❶ 穴をあけて巻き始めに通す。巻き終わりにも穴を
あけて、最後に通すようにする。

❷ エナメル線を丁寧に、密に巻いていく。

❸ 最後にエナメル線の先の被覆をサンドペーパーな
どではがし、ブレッドボードに差し込んで通電す
るようにする。

図3-24

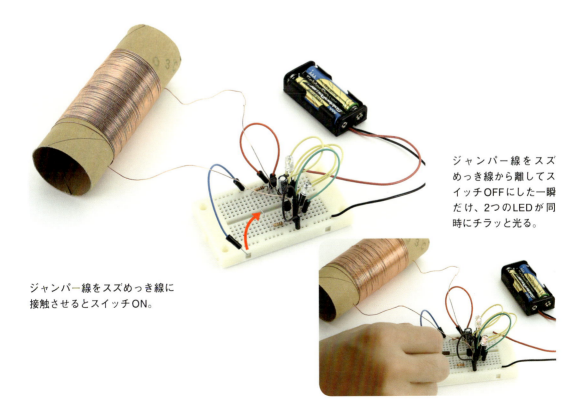

ジャンパー線をスズ
めっき線から離してス
イッチOFFにした一瞬
だけ、2つのLEDが同
時にチラッと光る。

ジャンパー線をスズめっき線に
接触させるとスイッチON。

いろいろな回路

専用のLEDドライバーIC

LEDを点滅、点灯させるためのICです。製品にもよりますが、少ない部品数で回路を組むことができ、豊富な点滅パターンをつくることができます。

DCモーター

DCは直流（Direct Current）のこと。乾電池で動く模型などでよく使われるモーターです。

モータードライバーIC

モーターを駆動させるにはスイッチなどを使いますが、電気信号により回転方向や回転具合を制御する専用のICを使うと便利な場合があります。

ステッピングモーター

DCモーターと違い細かい制御ができるモーターです。回転数や回転角度なども制御できますが、ドライバー回路が必要になります。

駆動回路（ドライバー）とは？

　駆動回路とは、音や光、動きなど、外部に出力する部品を動かすための回路です。「ドライバー」とも言います。

　例えば、LEDを光らせるために特別な回路を用いていなくても、適正な電気を流すことで駆動すると考えると、電流制限抵抗器を直列に接続することが、いわば駆動回路になります。また、トランジスターのコレクターに接続することで、ベースへの入力によりスイッチングし、LEDが光るという場合は、トランジスターも駆動回路に含まれます。さらに、**専用のLEDドライバーIC**を使えば、電流制限が内蔵（ないぞう）され、抵抗を接続しなくてもよく、いくつかのLEDを順番に点滅させることができたり、入力によって光り方を変えられたりできます。

　DCモーターを使う場合、モーターを駆動するには数百mAの電流が必要ですから、コレクター電流がそれ以上のトランジスターで制御しなければなりません。これもいわば駆動回路と言えます。その他、専用の部品や回路などもあります。DCモーターなどには、**モータードライバーIC**というものもあり、入力信号により正転、逆転、静止など、動きをコントロールすることができます。また、**ステッピングモーター**などの複雑なものになると、専用の回路やドライバーが必要になる場合もあります。

　動かそうとするものに必要なドライバーがあるのか、あるいは通常のトランジスターなどでも可能なのか、またはドライバーによる特殊（とくしゅ）な駆動方式が必要なのか……。いろいろな観点から部品や回路を考えていく必要があるのです。

「何をしたいのか」から考えていく

　ここまでいろいろな回路を見てきました。部品の組み合わせで回路をつくり、その回路を組み合わせてさらに複雑な回路を組むことで、必要な機能を実現していきます。入力によって決まった出力をする、何かをコントロールする、信号を発信する、信号を受け取って変換する、他の機器につなげる……などなど、回路で実現する仕組みは数え上げたらきりがありません。それぞれにナントカ回路という名前がついていなくても、何かの機能があれば、それが名前になります。

　必要なことは、「何をしたいのか」「何をする装置なのか」「この目的のためにどのような機能が必要なのか」ということを考え、分析することです。そのためには、もっと専門的な書籍を見ることも必要ですし、ショップで部品やキット商品を見ることも、ある時は既存の装置を分解するのもいいかもしれません。

回路図の読み方

回路に組まれる電子部品を図記号化し、電気的接続を線でつなげたものが回路図です。これが電子工作の設計図になります。

基本的には、どの部品のどの端子がどこにつながっているかを見ていくと、電気の流れがわかります。また、その通りに配線していけば工作はできます。いわば、ハンダづけが上手ではなくても、余計なところに接触しないで、回路図の通りに配線できていれば、作品は動くはずです。

しかし、途中で動かなくなったり、問題が起きたりした時の原因としては、ハンダづけが外れて通電しなくなるとか、余計なところが接触

してショートしているなどの場合が多く、丁寧に工作しないと回路図通りにつながらないのです。

回路図の見方は、それぞれの部品がどうつながっているかを確認すれば、大まかな工作の構成がわかります。とはいえ、実際には設計者の意図もそこに現れますから、一概にすべてが理解できるとは限りません。特に部品が多くなればなるほど複雑です。また、デジタル回路を扱うもので、デジタル部品内の構造やソフトウェアがからんでくる場合は、すぐにはわかりません。それでもいくつかのポイントがわかれば、回路を大まかに読み取ることができます。

回路図を読むポイント

①最初に最終出力を確認

音関係の装置であればスピーカー、光関係であればLEDなどの発光部品、動き関係であればモーターなどの駆動部品など最終出力部分を見ます。

②入力の回路

スピーカーへの入力は発振回路なのか、外部機器からの音声信号なのか、光関係や動き関係であれば手前に駆動回路があるはずです。どのように入力しているかを見ます。

③電源の安定化回路

電源の近くには、電源回路や安定化のための回路があるでしょう。安全のための非常停止の機能、駆動中の割り込み制御機能、ノイズ除去、状況表示、モニタリングなど装置に必要なさまざまな役割の部分があります。これはすぐに見分けられるものではなく、いろいろな回路を見たりして学んでいくうち、見当がつくようになってきます。

例えば、これはラジオの機能を示したものです。

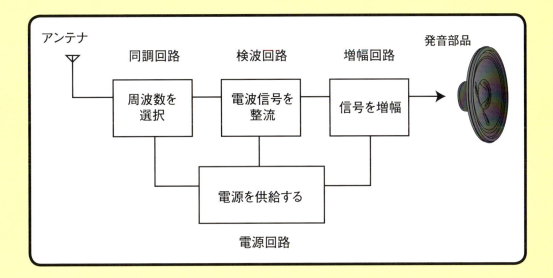

下は、2石のストレート型トランジスターラジオの回路図です。2石とは、検波や増幅に使用するトランジスターの数です。

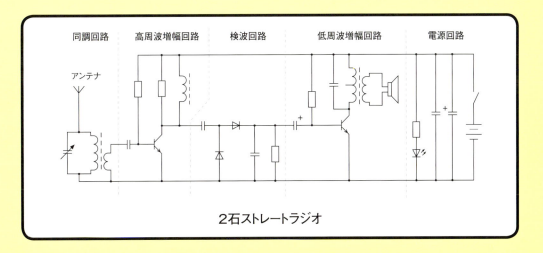

2石ストレートラジオ

上の機能図と異なり、検波回路の前に高周波増幅回路があります。検波がダイオード1個でもできることを考えると、この手前のトランジスターの詳細はわからなくても「きっと何かの信号を検波の前に増幅してるんだろう」と想像がつくようになります。

回路図が読めるようになるには？

このタスキ形状は
非安定マルチバイブレーター！

電子工作をやってみたくても、回路図を見るのが苦手という人もいます。でも、本書や他の本、インターネットなどで実際の工作とその回路図をいろいろと見ていくと、なんとなくパターンが見えてきて、回路図を見ただけで何の装置かぐらいの見当がつくようになってきます。

例えば、発振回路はいくつかのパターンがありますが、非安定マルチバイブレーターではトランジスターがタスキ掛けのようになって象徴的ですし、弛張発振回路ではNPN型とPNP型のトランジスターが並んでいます。このような回路パターンを覚えていくと、どのような機能の回路なのか想像することもできるようになります。

モーターや大きな電流を必要とする部分には、専用のドライバーやトランジスターなどを組み合わせた出力機器を駆動させる回路がありますし、コンデンサーが並んでいれば、

それは電流を安定化させる回路だろう、センサーから出力されたところには信号を増幅させる回路があるだろう、といろいろと予想がつくようになります。もちろん、出力がLEDなどの光なのか、スピーカーからの音なのかによって、その装置自体の目的や仕組みもわかります。

また、実際にいろいろな部品を見たり、つくる過程で調べたりしていくと、回路図だけでなく、実物の基板を見ても、電源近くにダイオードやコンデンサーがあれば電源安定化回路だろう、とか、LEDの近くにICのようなものがあれば、それはLEDドライバーだろう、などといった具合に装置の仕組みが見えるようになってきます。

このような想像ができるようになってくると、機器の理解が進んでいる証拠で、自分のオリジナル装置をつくることにもつながってきます。

第4章

装置をつくる

ここまで試作用のブレッドボードで
部品や回路の働きを確かめる
実験を行ってきましたが、
いよいよここから、ハンダづけで
実際に機能する装置を
つくり上げていきましょう！
この章だけで10種類の楽しい
電子工作の作品が登場します。

電子工作でできること

「まだないもの」をつくる楽しさ

　あらためて、電子工作でできることを考えると、それはたくさんあって困るほどです。もちろん自分が実際につくれるかというと、そうとも限りませんよね。材料、部品、素材が入手できるのか？　つくり上げるスキルがあるのか？　時間や予算があるのか？　というと、ものをつくることは決して簡単で、気軽ではありません。反対に言えば、新たなものを開発するには莫大な時間と予算をかけて研究し、それにふさわしい高い技術を身につけることが必要なわけです。

　しかし、少なくとも現在世に出回っている電化製品やデジタル機器、システム設備などは、全て誰かがつくったものである以上、きっと自分にもつくることはできるはずです。つまり、努力すれば誰にでもつくることができて、さらに「まだないもの」をつくれる可能性もある

わけです。そして、もうひとつつけ加えるならば、<mark>科学・技術の基本は、未知なるものを探求し、自分でつくってみようとする電子工作の精神に通じるということです。</mark>

　電子工作をホビーとして楽しむうち、趣味の延長線上に、もしかしたら未来の科学・技術の発展に寄与する何かがあるかもしれません。ここではまず気楽に、ホビーとして楽しむことを前提に、電子工作の醍醐味を感じていただける、シンプルな回路でできたオモシロ装置を紹介していきます。

技術の進歩と電子工作

　日本では1925年にラジオ放送が始まってから、ラジオ受信のための電子工作が流行り、鉱石ラジオなどで放送を受信することがホビーとして広がりました（**4-1**）。その後、<mark>真空管</mark>に替わってトランジスターなどの半導体が普及し、電子部品の種類も増え、現在ではデジタル製品なども身近になって、実にさまざまな工作ができるようになりました。

　LEDの多色化・高輝度化によって、イルミネーションや照明装置としての活用の幅が広がり、各種センサーの開発によってさまざまな応用ができるようになっています。また、半導体技術の向上もあり、ドライバーICの多品種開発で工作の表現の幅、多様化が一気に進んでいます。近年では<mark>マイコン、IoTなど新たな技術進歩の背景もあり、電子工作でできることは無限大と言っていいでしょう。</mark>

　これからみなさんは、そんな無限の可能性を秘めた電子工作の世界に入っていくのです。どこから始めてもいいですが、初心者の方はまず、詳しい手順の説明を見ながら、次のページの「センサーライト」をつくってみてください。

図4-1

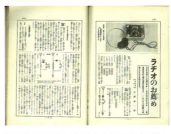

『子供の科学』1928年8月号に掲載されたラジオ工作の記事。

SeDmi/Shutterstock

真空管

真空のガラス管の中で電子を飛ばすことで電気信号を増幅、制御する部品です。トランジスターが開発される以前の電子制御に使われていました。

LEDの多色化・高輝度化

発光部品であるLEDは青色が開発されたことと、輝度が高くなったことで照明装置や光の演出での用途、応用の幅が増えました。光の三原色が揃うことで、フルカラー表示など、多彩な色彩を再現でき、わかりやすい表示や楽しい視覚的演出に活用されています。

作品 No.02

センサーライト

これが 作品 だ！

光センサーを手で覆って
暗くするとライトが点灯

周りが暗くなると明かりがつく自動照明装置です。光センサーは明るさを感知するセンサー。ここで使う**フォトトランジスターはトランジスターと同じような仕組みですが、ベースには電気ではなく光の入力、つまり明るさで増幅、スイッチングをするものです。**明るければスイッチングONになり、電気をよく通しますが、暗いとスイッチングOFFになり、電気を通しません。

このセンサーライトは部品数が少なく、初心者でも完成させやすい装置です。まずはこの便利な装置をつくってみながら、基本的な手順をマスターしましょう。

No.03以降の装置も基本となる手順は同じです。

回路図

フォトトランジスター NJL7502Lは、人間の視覚で感じる光に近い明るさで反応するので、非常に便利な電子部品。明るければコレクター〜エミッター間に増幅信号を出力、あるいは導通状態になり、暗ければ遮断状態となる。回路図では明るい時には1MΩの抵抗器を通った電気はそのままフォトトランジスターを通り、暗い時にはフォトトランジスターを通らず、1kΩの抵抗器を通り、2SC1815のベースへ入力される。ここのトランジスターを2段にすることで増幅率を上げ、LEDを点灯している。

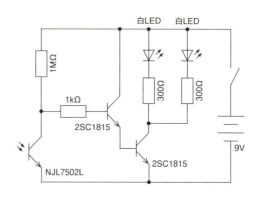

組み立て図

ユニバーサル基板に部品を組み立てた完成図。

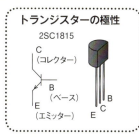

トランジスターの極性

2SC1815

C
（コレクター）

B
（ベース）

E
（エミッター）

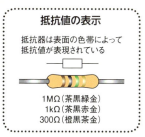

抵抗値の表示

抵抗器は表面の色帯によって
抵抗値が表現されている

1MΩ（茶黒緑金）
1kΩ（茶黒赤金）
300Ω（橙黒茶金）

LEDの極性

A（アノード）

K（カソード）

足の長いほうがA

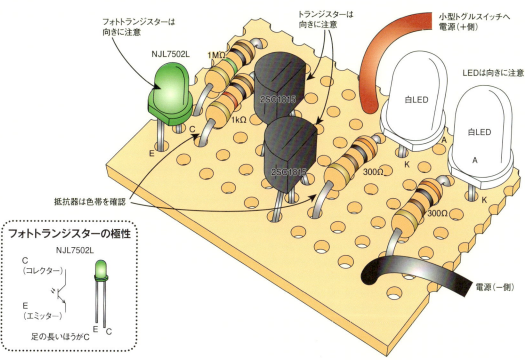

フォトトランジスターは
向きに注意

NJL7502L

1MΩ

トランジスターは
向きに注意

小型トグルスイッチへ
電源（＋側）

2SC1815

LEDは向きに注意

白LED

白LED

1kΩ

C

E

2SC1815

300Ω

A

K

A

300Ω

K

抵抗器は色帯を確認

電源（－側）

フォトトランジスターの極性

NJL7502L

C
（コレクター）

E
（エミッター）

足の長いほうがC

E C

※必要な部品リストは9ページをご覧ください。

つくり方

❶必要な部品を揃えます。部品表は
9ページ、部品の入手方法は54
ページを参考にしましょう。

❷小型にしてケースに収めたい場合などは、ユニバーサル基板をカット
します。ここでは市販の15×15穴の基板を11×7穴にカットしてみ
ましょう。まずは基板の半分のところをカッターで3〜4回筋を入れ、
裏側も同じように筋を入れます。そして、指で力を入れるとパキッと
半分に割れます。これで15×7穴になったので、15穴の両サイド2穴
目のところを同じ要領でカットすれば、11×7穴の基板ができあがり。

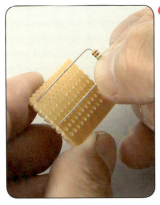

❸右の基板配線図を見ながら、部品面から電子部品を差し込んでいきます。抵抗器のように背の低い部品から順番につけていくと作業しやすいですが、慣れないうちはわかるところからひとつひとつ、丁寧に取りつけていくといいでしょう。抵抗器はブレッドボードに組む時と同様に、足を折り曲げて差し込みます。まずは端の1MΩの抵抗器を差し込みました。

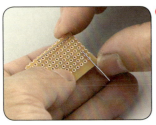

❹差し込んだ足は抜け落ちないようにハンダ面で折り曲げます。この時、基板配線図のハンダ面から見た図を見ながら、配線する方向に足を曲げるようにしましょう。

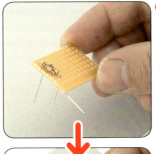

❺次に隣の1kΩの抵抗器を差し込みました。配線する方向に足を折り曲げると、写真のように余分な部分が出てきますので、ニッパーで足をカットして適切な長さに整えます。切った足は線の長さが足りない部分を補うのに使えますので、部品皿などに入れてとっておきましょう。

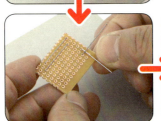 

❻次に抵抗器とつながるフォトトランジスターを差し込みました。フォトトランジスターは基板から10mm程度離した状態にします。これで抵抗器1MΩ、1kΩ、フォトトランジスター 3つの部品が正確に差し込めましたので、ハンダづけをして固定しましょう。写真のように、消しゴムなどの台の上に基板を載せて行います。

部品面から見た図

電源（＋側）

1MΩ 2SC1815 A A

K K

1kΩ 300Ω 300Ω

C U

E

NJL7502L 2SC1815

電源（－側）

ハンダ面から見た図

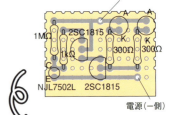

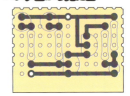

❼ハンダ面から見た図の黒い丸で表示された3箇所をハンダづけします。ハンダづけの方法は26〜28ページを参考にしましょう。ハンダづけができたら、余分な足はニッパーでカットします。

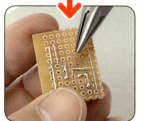

❽他の部品も同様に、部品面から差し込み、ハンダ面で配線方向に折り曲げ、基板配線図の黒丸部分をハンダづけして接続していきますが、配線図で線が折れ曲がっているところについては、ラジオペンチを使って線を図の通り折り曲げて配線します。

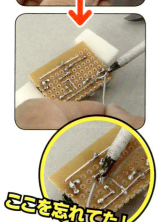

❾最後に一番背の高いLEDを差し込み、ハンダづけ。また、基板配線図の黒丸になっているところで、ハンダづけがされていない箇所がないかどうかをよく見て、すべての黒丸にハンダを流し込んで接続しましょう。逆に黒丸でないところをハンダづけしてしまうと、ショート回路になって部品が壊れてしまう可能性があるのでよくチェック。

ここを忘れてた！

部品の差し間違いを防ぐ方法

基板配線図をコピーして、部品面に貼りつければ、図の通りに部品を差し込めて、間違えることがなくなります。本書の基板配線図はすべて実寸で掲載していますので、そのまま同じサイズでコピーすれば基板のサイズとぴったり合います。接続が終わったら紙を引き抜けばOKです。

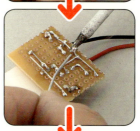

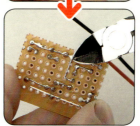

❿電池スナップのリード線も差し込み、同じようにハンダづけをします。基板配線図の白丸は、リード線などで外部につなぐ接続部分を表しています。電源のプラス側に赤いリード線、マイナス側に黒いリード線をそれぞれ接続しましょう。余ったリード線もニッパーでカットして整えます。

⓫すべての配線を終えてできあがりです。

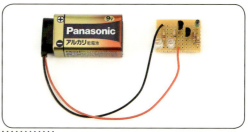

使い方

もう一度、配線図と工作の配線をよく見比べ、間違っているところがないかチェックしてから、乾電池を接続します。光センサーに光が入らないように暗くして、LEDが点灯したら成功。本格的な電子工作の装置が完成です！ もちろん、つくった工作がうまく動かないこともありますので、その時は114ページを参考に原因を探りましょう。

作品 No.03

ヒューマン
サウンダー

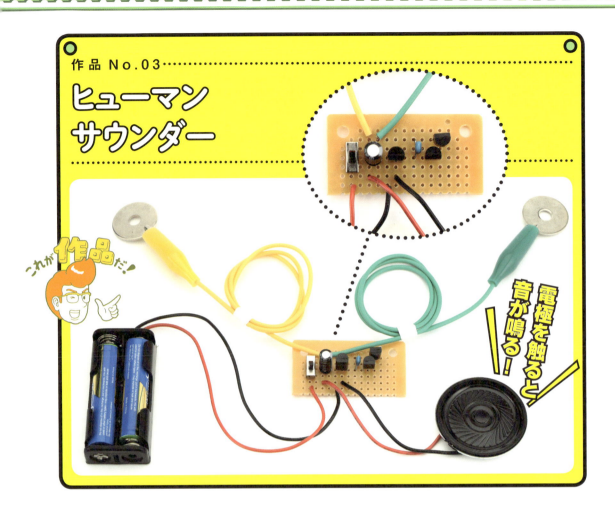

これが作品だ!

電極を触ると音が鳴る!

　弛張発振回路の仕組みを使って、人間の体で音を鳴らす楽器です。ミノムシクリップの先が電極になっていて、ここに適当な抵抗器を取りつけると発振し、スピーカーから音を出力します。

　人間の体は、ある程度の抵抗をもった導体です。ミノムシクリップに握りやすいコインなどをはさみ、これを両手で握ってみましょう。すると音が鳴り、握り方によって音が変化します。

回路図

回路図を見ると、シンプルな弛張発振回路であることがわかる。ただし、発振周波数に関わる抵抗器部分が、ミノムシクリップの電極になっている。この電極に抵抗器を取りつけることで回路がつながり、発振してスピーカーから出力。抵抗値が変化することで発振する周波数が変化し、音色を変化させることができる。

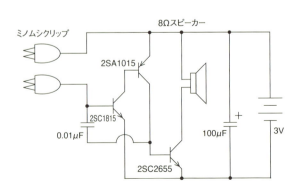

ミノムシクリップ

8Ωスピーカー

2SA1015

2SC1815

0.01μF

2SC2655

100μF

3V

組み立て図

ユニバーサル基板に部品を組み立てた完成図。

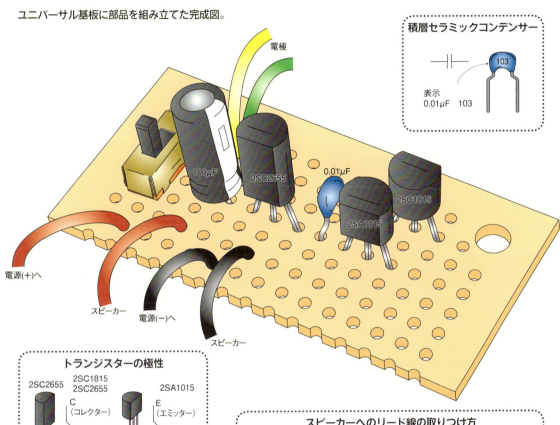

電極

100μF
2SC2655
0.01μF
2SA1015
2SC1815

電源(+)へ
スピーカー
電源(−)へ
スピーカー

積層セラミックコンデンサー

103

表示
0.01μF　103

トランジスターの極性

2SC2655

2SC1815
2SC2655

2SA1015

C
(コレクター)
B
(ベース)
E
(エミッター)

E
(エミッター)
C
(コレクター)
B
(ベース)

E
C
B

E
C

電解コンデンサーの極性

100μF
目印

足が短いほうまたは
目印があるほうが
マイナス側

ハンダめっきの方法

リード線の先にハンダ
ごてをあて、糸ハンダ
を流し込むことで、リー
ド線をハンダづけしや
すくすることが「ハンダ
めっき」。糸ハンダはど
こかに固定して動かな
いようにしておき、ハン
ダごてとリード線を
もって行うとよい。

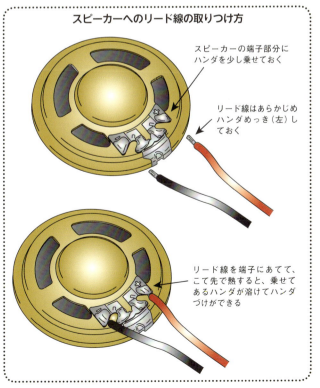

スピーカーへのリード線の取りつけ方

スピーカーの端子部分に
ハンダを少し乗せておく

リード線はあらかじめ
ハンダめっき(左)し
ておく

リード線を端子にあてて、
こて先で熱すると、乗せて
あるハンダが溶けてハンダ
づけができる

※必要な部品リストは9ページをご覧ください。

つくり方

右の基板配線図を参考に、15×15穴の基板を7×15穴にカットし、部品面から電子部品の足を差し込んでハンダづけします。

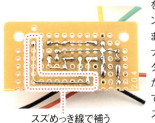

スズめっき線で補う

ユニバーサル基板のハンダ面で電子部品の足を折り曲げて配線していると、部品の足だけでは線が届かずつながらないところが出てきます。その場合は、切り取った部品の足やスズめっき線を使って、線と線の間をハンダづけをしてつなぎ補います。この工作では、マイナスの電源からトランジスターにつながる折れ曲がった配線部分をスズめっき線で補う必要がありそうです。スズめっき線はラジオペンチでつかんで補いたい位置にもって行き、ハンダづけしましょう。

基板配線図

部品面から見た図

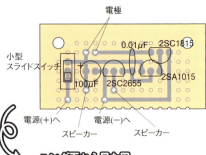

電極

小型スライドスイッチ

0.01μF　2SC1815

100μF　2SC2655　2SA1015

電源(+)へ　　電源(−)へ

スピーカー　　スピーカー

ハンダ面から見た図

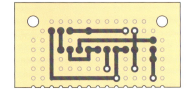

使い方

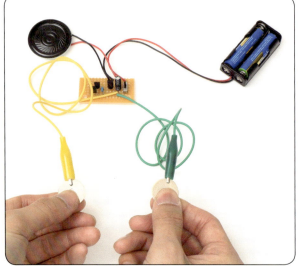

電極の握り方で音が変化しておもしろい！ ミノムシクリップにつなぐものもいろいろ変えてみよう。

電源スイッチを入れ、ミノムシクリップの電極部分を両手で握ってみると、スピーカーから不思議な電子音が出力されます。握り方によって音が変化しますし、指の皮膚表面の水分の状態によっても抵抗値が変化して、音が変わります。2人で片方ずつもって顔を触ったり、何人かで手をつないだりしてみても音が鳴るので、そこに電気が流れていることがわかります。

注意

この装置を使う時は、ミノムシクリップ同士を直接つなげないように注意してください。大きな電流がトランジスターのベースに流れ込むので、発振しないどころかトランジスターを壊してしまうこともあるからです。

作品 No.04

ミニラジオ

これが イ作品 だ！

AMラジオが受信できる！

　トランジスター2個で増幅して、イヤホンで聞くラジオです。回路図を見ると、同じようにトランジスターが2個並んでおり、直線的に増幅しているのでストレート型と呼んでいます。

　ラジオは、主に同調回路、検波回路、増幅回路で成り立っています。しかし、このラジオには、コイルとバリコンの同調回路、トランジスターの増幅回路はありますが、ダイオードの検波回路が見当たりません。実は、この回路ではトランジスターがその役割をしています。

回路図

コイルとバリコンを使った同調回路で選局。コイルは小さなケースに収められるようにマイクロインダクターを使用。バリコンはAMラジオ用のもの。これにより同調した信号をトランジスターのベースに入力して検波。その信号をもう1つのトランジスターで増幅して、セラミックイヤホンで音に変換する。

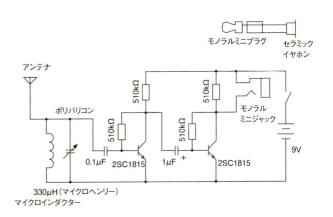

モノラルミニプラグ　セラミックイヤホン

アンテナ

ポリバリコン

510kΩ　510kΩ　510kΩ　510kΩ

モノラルミニジャック

9V

0.1µF　2SC1815　1µF　2SC1815

330µH（マイクロヘンリー）マイクロインダクター

組み立て図

ユニバーサル基板に部品を組み立てた完成図。

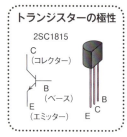

トランジスターの極性

2SC1815

C
（コレクター）

B
（ベース）

E
（エミッター）

電解コンデンサーの極性

1μF

目印

足が短いほうまたは
目印があるほうが
マイナス側

**マイクロ
インダクター**

330μH

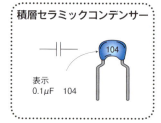

積層セラミックコンデンサー

表示
0.1μF　104

104

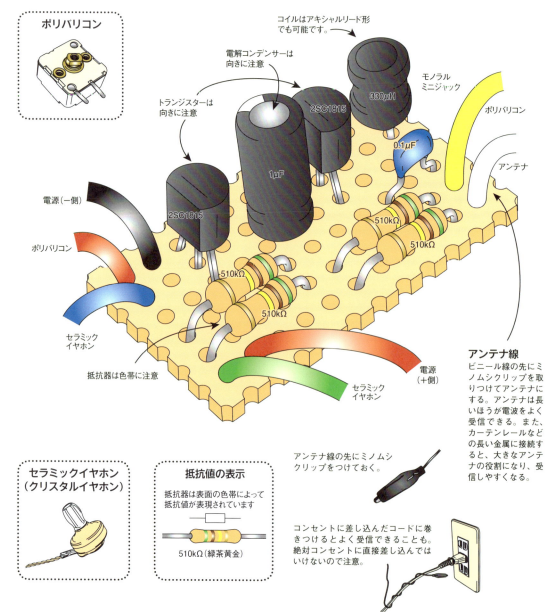

ポリバリコン

コイルはアキシャルリード形
でも可能です。

電解コンデンサーは
向きに注意

2SC1815

330μH

モノラル
ミニジャック

ポリバリコン

アンテナ

トランジスターは
向きに注意

1μF

0.1μF

電源（ー側）

510kΩ

510kΩ

ポリバリコン

510kΩ

セラミック
イヤホン

510kΩ

電源
（＋側）

抵抗器は色帯に注意

セラミック
イヤホン

アンテナ線
ビニール線の先にミ
ノムシクリップを取
りつけてアンテナに
する。アンテナは長
いほうが電波をよく
受信できる。また、
カーテンレールなど
の長い金属に接続す
ると、大きなアンテ
ナの役割になり、受
信しやすくなる。

**セラミックイヤホン
（クリスタルイヤホン）**

抵抗値の表示

抵抗器は表面の色帯によって
抵抗値が表現されています

510kΩ（緑茶黄金）

アンテナ線の先にミノムシ
クリップをつけておく。

コンセントに差し込んだコードに巻
きつけるとよく受信できることも。
絶対コンセントに直接差し込んでは
いけないので注意。

※必要な部品リストは9ページをご覧ください。

つくり方

右の基板配線図を参考に、15×15穴の基板を6×11穴にカットし、部品面から電子部品の足を差し込んでハンダづけします。

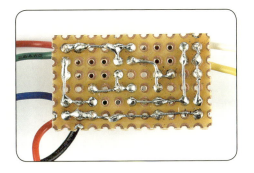

基板配線図

部品面から見た図

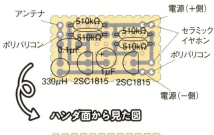

アンテナ
510kΩ
510kΩ
510kΩ
510kΩ
ポリバリコン
0.1μF
1μF
330μH　2SC1815　2SC1815
電源（＋側）
セラミックイヤホン
ポリバリコン
電源（−側）

ハンダ面から見た図

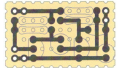

使い方

図のようなケースに仕込むと完成度が上がります。ここではチョコレート菓子の細長いタイプの箱を使いました。電源スイッチを入れたら、イヤホンに耳をあて、バリコンのツマミを少しずつ回して、放送が聞こえるところを探します。AMラジオの音声が聞こえたら成功です。

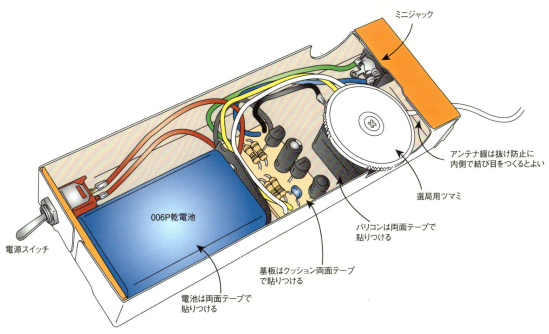

ミニジャック
アンテナ線は抜け防止に内側で結び目をつくるとよい
選局用ツマミ
バリコンは両面テープで貼りつける
006P乾電池
電源スイッチ
基板はクッション両面テープで貼りつける
電池は両面テープで貼りつける

※放送局の送信アンテナからの距離や電波状況により、放送を聞くことができない場合もあります。何の雑音もしない場合は、配線ミスが考えられますので、もう一度よくチェックしましょう。

作品 No.05

アアアファン

これが作品だ！

「アー」と言うとファンが回るゾ！

音でモーターが回りだす装置です。エレクトレットコンデンサーマイク（ECM）で音を電気信号に変え、ダーリントン接続されたトランジスターで大きく増幅します。これをさらにトランジスターで増幅し、モーターを回します。モーターは500mAほどの大きな電流が必要なので、モーターを駆動させる回路として、2Aまで流すことができる2SC2655というトランジスターをドライバーとして使っています。

マイクに向かって大きな声を出したり、手を叩いたりして音を入力するとモーターが回ります。扇風機の前で「アー」と言って声を振るわせて遊ぶのではなく、「アー」と言って扇風機を回すというオモシロ装置です。

回路図

コンデンサーマイクに入力された音を大きく増幅するため、ダーリントン接続を使っている。この出力を100μFの電解コンデンサーに充電し、その放電で次のトランジスター2SC1815をスイッチング。この時ダイオード1N4002はモーターからの逆電流を防止する働きをしている。モーターはマブチFA-130を使用。この消費電力は500mAのため、モーターのスイッチングには1.5Aの電流をコントロールできるトランジスター2SC2236を使った。

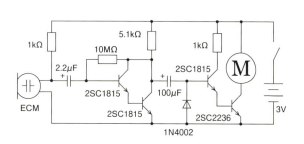

組み立て図

ユニバーサル基板に部品を組み立てた完成図。

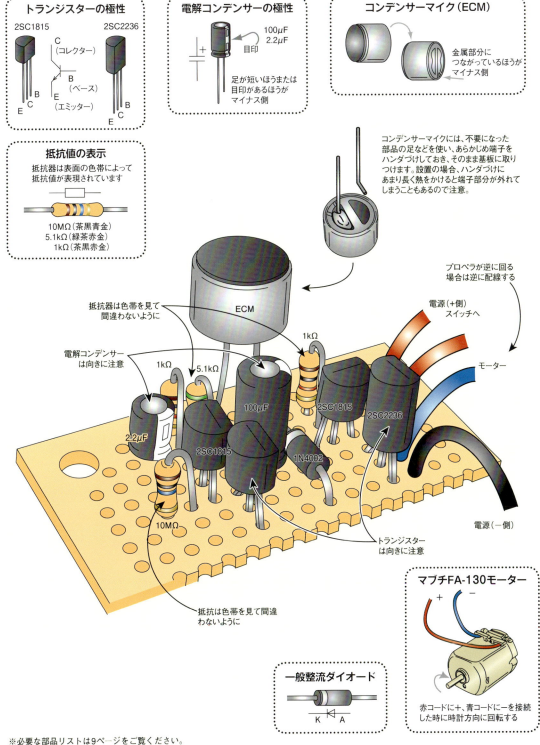

トランジスターの極性

2SC1815
2SC2236

C（コレクター）
B（ベース）
E（エミッター）

B
E
C

E
C
B

電解コンデンサーの極性

100μF
2.2μF
目印

足が短いほうまたは
目印があるほうが
マイナス側

コンデンサーマイク（ECM）

金属部分に
つながっているほうが
マイナス側

抵抗値の表示

抵抗器は表面の色帯によって
抵抗値が表現されています

10MΩ（茶黒青金）
5.1kΩ（緑茶赤金）
1kΩ（茶黒赤金）

コンデンサーマイクには、不要になった
部品の足などを使い、あらかじめ端子を
ハンダづけしておき、そのまま基板に取り
つけます。設置の場合、ハンダづけに
あまり長く熱をかけると端子部分が外れて
しまうこともあるので注意。

プロペラが逆に回る
場合は逆に配線する

電源（+側）
スイッチへ

モーター

ECM

抵抗器は色帯を見て
間違わないように

電解コンデンサー
は向きに注意

1kΩ

1kΩ

5.1kΩ

100μF

2SC1815

2SC2236

2.2μF

2SC1815

1N4002

電源（－側）

トランジスター
は向きに注意

抵抗は色帯を見て間違
わないように

10MΩ

マブチFA-130モーター

＋　－

赤コードに＋、青コードに－を接続
した時に時計方向に回転する

一般整流ダイオード

K　A

※必要な部品リストは9ページをご覧ください。

つくり方

❶ 右の基板配線図を参考に、15×15穴の基板を半分にカットし、部品面から電子部品の足を差し込んでハンダづけします。抵抗器は縦にして基板に差し込み、足を折り返して隣の穴に差し込みます。

❷ ボール紙を使って、下図のように底になる板とモーターを固定する首をつくります。首の下部に穴をあけ、基板と電源スイッチを取りつけます。モーターにプロペラをつけ、両面テープで首に貼りつけたら、電池ボックスを底の板に両面テープで貼りつけできあがり。

基板配線図

部品面から見た図

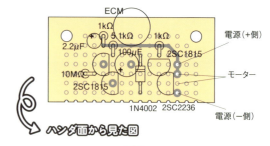

ハンダ面から見た図

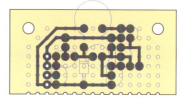

使い方

マイクに向かって声を出すと、プロペラが回転して自分に風を送ります！涼しくなるために声を出す苦労が必要なナンセンスな工作ですが、そんなあり得ないものをつくるのも電子工作の醍醐味。この仕組みを応用すれば新たなアイデアが浮かんでくるかもしれません。

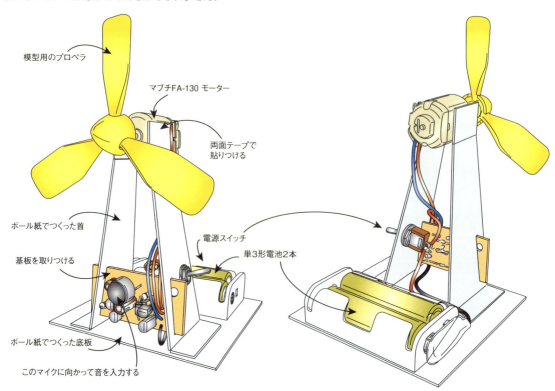

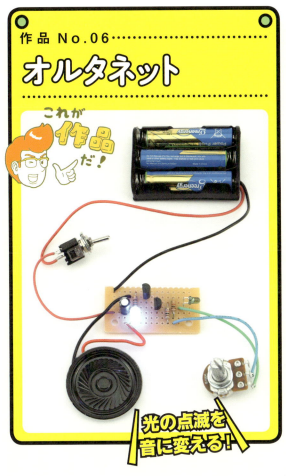

作品 No.06

オルタネット

これが**作品**だ！

光の点滅を音に変える！

光センサーであるフォトトランジスターを使い、光の強さをシンプルに増幅し、スピーカーに出力する回路です。しかし、スピーカーはあるのですが、発振回路がないのでそのままでは音は出ません。では、どうなっているのかと言うと、光センサーに光が当たったり、影になったりした時にスピーカーから音が出る仕組みです。

具体的には、数十〜数百Hz程度の光の点滅をそのままコーン紙の揺れにすることで、音を鳴らすことができるのです。ということは、肉眼ではわかりませんが、50・60Hzで点滅している部屋の蛍光灯や街灯などの光にセンサーを向けると音が鳴ります。テレビやパソコンのモニターでもかまいません。ブーという音がしたら、その光は高速に点滅しているということです。

家庭のコンセントに来ている電気は、プラスとマイナスが1秒間に何回も入れ替わる交流。1秒間に入れ替わる回数を周波数と言い、「Hz（ヘルツ）」という単位で表す。日本では富士川を境に、東日本では50Hz、西日本では60Hz。蛍光灯やLED照明には、この交流の電気が発光に影響しているものがあり、点きっぱなしに見えている光も、実は細かく点滅している。

この周期が1秒間に繰り返す回数を周波数と言います

西日本は **60Hz**

東日本は **50Hz**

回路図

フォトトランジスターの機能はNPN型のトランジスターに似ているが、ベースへの入力は電気ではなく光。つまり、明るさに応じて増幅、あるいはスイッチングし、暗いと電気は流れない。また半導体なので反応が速く、目に見えないぐらいの点滅にも反応できる。回路図では、明るい時にはフォトトランジスター NJL7502Lのコレクター〜エミッター間に電気が流れ、暗い時には流れなくなり、1kΩの抵抗を通して2SC1815に入力される。この出力を2SC2120で受けて、スピーカーを鳴らすシンプルな回路だ。

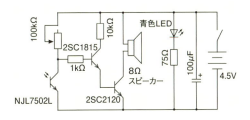

ユニバーサル基板に部品を組み立てた完成図。

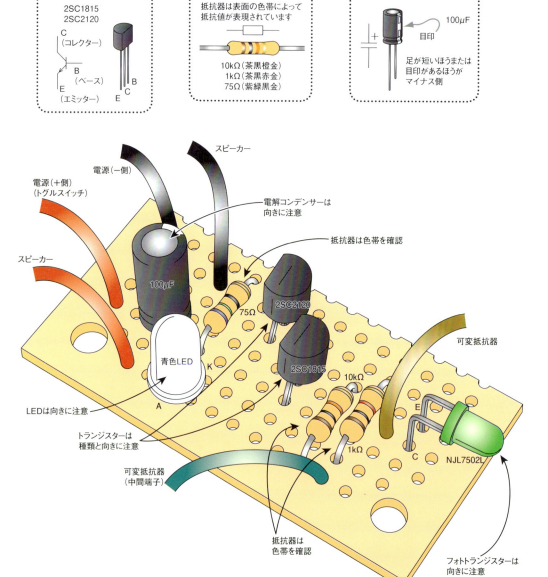

トランジスターの極性

2SC1815
2SC2120

C
（コレクター）
B
（ベース）
E
（エミッター）

抵抗値の表示

抵抗器は表面の色帯によって
抵抗値が表現されています

10kΩ（茶黒橙金）
1kΩ（茶黒赤金）
75Ω（紫緑黒金）

電解コンデンサーの極性

100μF
目印

足が短いほうまたは
目印があるほうが
マイナス側

電源（＋側）
（トグルスイッチ）

電源（−側）

スピーカー

スピーカー

電解コンデンサーは
向きに注意

抵抗器は色帯を確認

100μF

75Ω

2SC2120

青色LED

K

A

2SC1815

10kΩ

可変抵抗器

E

C

NJL7502L

LEDは向きに注意

トランジスターは
種類と向きに注意

可変抵抗器
（中間端子）

1kΩ

抵抗器は
色帯を確認

フォトトランジスターは
向きに注意

LEDの極性

A（アノード）

K（カソード）

A　K

足の長いほうがA

フォトトランジスターの極性

NJL7502L

C

E

C　E

足の長いほうがC

※必要な部品リストは10ページをご覧ください。

つくり方

右の基板配線図を参考に、15×15穴の基板を15×7穴にカットし、部品面から電子部品の足を差し込んでハンダづけします。

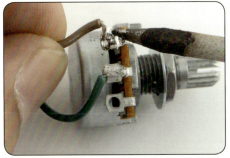

可変抵抗器の端子には、リード線にハンダをしみ込ませ（ハンダめっき）、直接ハンダづけする。

基板配線図

部品面から見た図

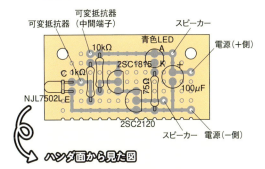

ハンダ面から見た図

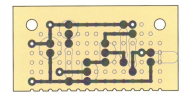

使い方

図のようなボール紙でつくったケースに仕込むと完成度が上がります。スイッチを入れると、起動ランプの青色LEDが光ります。この状態でフォトトランジスターの先を蛍光灯やLED電球などに向け、可変抵抗器のツマミをゆっくり回すと、スピーカーからブーっという音が聞こえるはず。テレビやパソコンの画面の光、またテレビのリモコンの赤外線を受けて音が鳴ることもあります。いろいろな音に当てて、目には見えない点滅を確かめてみましょう。

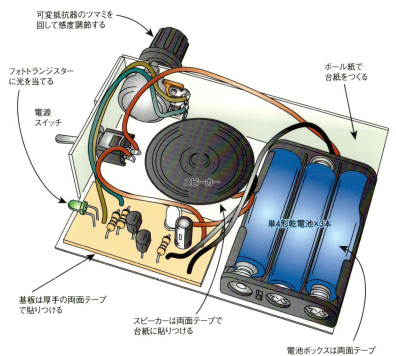

可変抵抗器のツマミを回して感度調節する

フォトトランジスターに光を当てる

電源スイッチ

ボール紙で台紙をつくる

単4形乾電池×3本

基板は厚手の両面テープで貼りつける

スピーカーは両面テープで台紙に貼りつける

電池ボックスは両面テープで台紙に貼りつける

作品 No.07

キャパシタイマー

時間差でLEDが光る！

67ページで解説したコンデンサーを使った「タイマー回路」の工作です。同じ容量のコンデンサー3つに、3種類の抵抗値で電気を流し込み、トランジスターでLEDを点灯させる仕組み。はじめは緑、その後に赤がつき、最後にブザー音とともに赤が点灯します。

4〜5秒で
緑が点灯

7〜8秒で
赤が点灯

回路図

それぞれ100kΩ、220kΩ、510kΩの抵抗器を通して、3つある220μFのコンデンサーを充電させる。充電しきると1kΩの抵抗器を通してトランジスター2SC2120のベースに流れるので、スイッチングONになり、それぞれのLEDが点灯する。抵抗値が低いほうがより多くの電気を流すので、100kΩ、220kΩ、

510kΩの順番でLEDが点灯する。最後の510kΩのところはLEDが点灯するだけではなくPNP型、NPN型のトランジスターを組み合わせた発振回路を使ってスピーカーからブザー音を出すようにした。また、回路図一番左のスイッチはリセットスイッチで、トランジスターを使ってコンデンサーを放電させている。

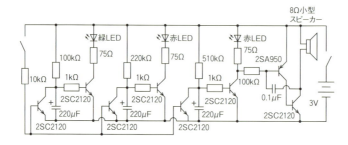

組み立て図

ユニバーサル基板に部品を組み立てた完成図。

抵抗値の表示

抵抗器は表面の色帯によって
抵抗値が表現されている

510kΩ（緑茶黄金）
220kΩ（赤赤黄金）
100kΩ（茶黒黄金）
10kΩ（茶黒橙金）
1kΩ（茶黒赤金）
75Ω（紫緑黒金）

LEDの極性

A（アノード）

K（カソード）　　A　K

足の長いほうがA

積層セラミックコンデンサー

表示
0.1μF　104

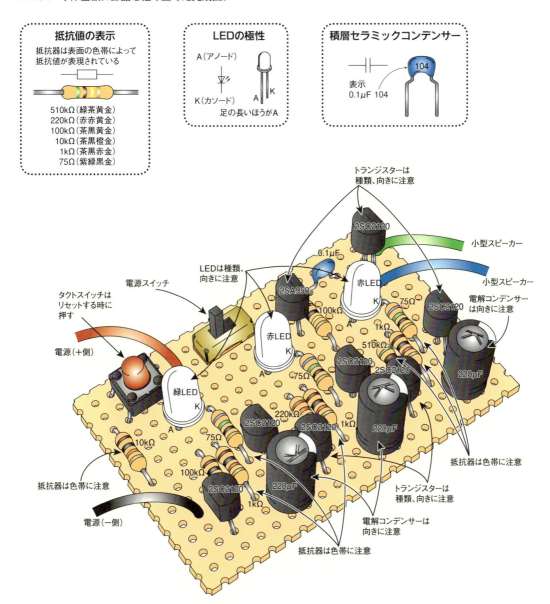

トランジスターは
種類、向きに注意

2SC2120

小型スピーカー

0.1μF

小型スピーカー

赤LED

75Ω

2SC2120

電解コンデンサー
は向きに注意

LEDは種類、
向きに注意

2SA950

K

1kΩ

220μF

電源スイッチ

100kΩ

A

510kΩ

タクトスイッチは
リセットする時に
押す

赤LED

2SC2120

2SC2120

電源（＋側）

K

75Ω

220μF

A

緑LED

220kΩ

2SC2120

2SC2120

1kΩ

抵抗器は色帯に注意

K

220μF

10kΩ

A

75Ω

100kΩ

2SC2120

220μF

トランジスターは
種類、向きに注意

1kΩ

電解コンデンサーは
向きに注意

抵抗器は色帯に注意

電源（－側）

抵抗器は色帯に注意

トランジスターの極性

2SC2120

C
（コレクター）

B
（ベース）

E
（エミッター）

E　C

2SA950

E
（エミッター）

B
（ベース）

C
（コレクター）

※この回路で使用しているトランジスター 2SC2120、2SA950は現在販売が終了し、入手が難しくなっています。2SC2120は2SC2655L、8050SLと、2SA950は2SA1020L、8550SLに代替可能です。

電解コンデンサーの極性

220μF

目印

足が短いほうまたは
目印があるほうが
マイナス側

※必要な部品リストは10ページをご覧ください。

つくり方

右の基板配線図を参考に、25×15穴の基板を20×13穴にカットし、部品面から電子部品の足を差し込んでハンダづけします。

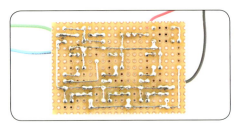

部品面から見た図

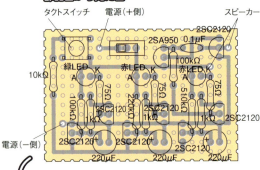

タクトスイッチ　電源（＋側）　スピーカー
2SC2120
2SA950 0.1μF
緑LED　K　赤LED　K　赤LED　K
10kΩ　A　75Ω　A　75Ω　A　75Ω
100kΩ　2SC2120　1kΩ　2SC2120　510kΩ
kΩ　220kΩ　1kΩ　1kΩ　2SC2120
電源（一側）
2SC2120　2SC2120　2SC2120
220μF　220μF　220μF

ハンダ面から見た図

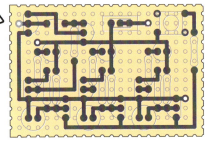

使い方

図のようなケースに仕込むと完成度が上がります。ここではチョコレート菓子の細長いタイプの箱を使いました。電源スイッチを入れるとタイマーが作動。初めの4〜5秒で緑のLEDが点灯、7〜8秒程度で赤LEDが点灯します。さらに14〜15秒程度でブツッブツッとスピーカーから音がし始め、しばらくするとブーという音とともに残りの赤LEDが点灯。リセット用スイッチを押せばスタートをやり直すことができるから、クイズやゲームなどでシンキングタイマーとして使えそうです。

オセロのシンキングタイマーとして使ってみた。ブツッブツッという音が鳴り始めると緊張感が！

外箱にマドをあけてLEDやスイッチが見えるようにする

電源スイッチ
リセット用スイッチ
電池ボックスが入るように内箱を加工（折り込んで貼りつけるとよい）

スピーカーが入るようにケースを加工（一部くりぬくとよい）

小型スピーカー

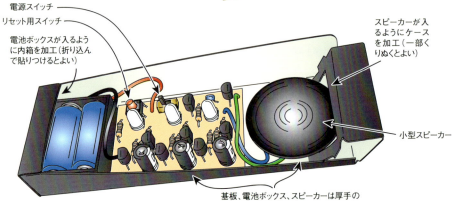

基板、電池ボックス、スピーカーは厚手の両面テープで内箱に貼りつける

作品 No.08
RGBビジュアライザー

これが作品だ!

光で色をつくって遊べる!

　赤、緑、青の3色は光の三原色と言われ、この3色でさまざまな色を表現することができます。例えば、赤と緑が混ざると黄、赤と青が混ざると紫、3色全部が混ざると白色になります。さらに、これらの混合比を変えると、もっと多くの色が表現できます。

赤を多く緑を少なめにすると橙、赤を多く、緑と青を少なめにするとピンクなどです。

　これはトランジスターを使って、これらのLEDを調光する回路です。可変抵抗器のツマミを回して、いろいろな色の組み合わせをつくって実験してみましょう。

回路図

RGBの3色を表現するためにそれぞれの色のLEDを用意し、可変抵抗器によって明るさを変更できるようにする。そのためにトランジスターの増幅機能を使い、ベースへ入力する電気を調節できるようにした。シリコンのトランジスターは約0.6Vで駆動する。これ以下であればLEDは点灯しないので、マイナス側へ10kΩの抵抗器を接続することで、LEDが全く光らない状態から明るい状態まで変更することができる。ただし、可変抵抗器を回しすぎるとトランジスターのベースへ大きな電流が流れすぎるので、1kΩの抵抗器を入れた。このセットをRGBそれぞれにつくる。

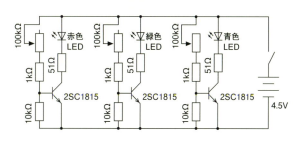

組み立て図 ∿∿∿∿∿∿∿∿∿∿∿∿∿∿∿∿∿∿∿∿∿∿∿∿∿∿∿∿∿∿∿∿

ユニバーサル基板に部品を組み立てた完成図。

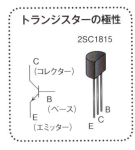

トランジスターの極性

2SC1815

C（コレクター）
B（ベース）
E（エミッター）

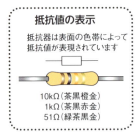

抵抗値の表示

抵抗器は表面の色帯によって
抵抗値が表現されています

10kΩ（茶黒橙金）
1kΩ（茶黒赤金）
51Ω（緑茶黒金）

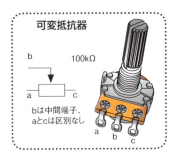

可変抵抗器

b   100kΩ

a   c

bは中間端子、
aとcは区別なし

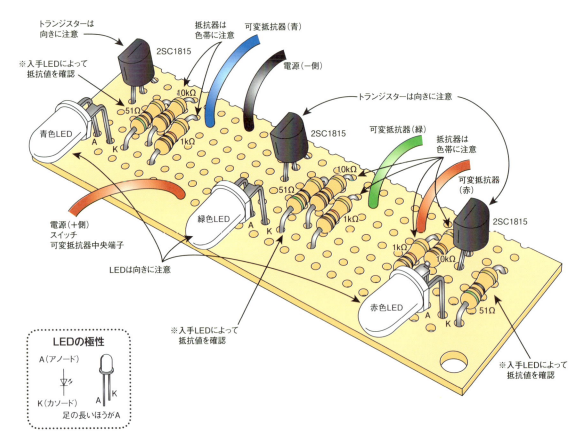

トランジスターは
向きに注意

2SC1815

抵抗器は
色帯に注意

可変抵抗器（青）

電源（－側）

※入手LEDによって
抵抗値を確認

10kΩ

51Ω

青色LED

A K

1kΩ

トランジスターは向きに注意

可変抵抗器（緑）

抵抗器は
色帯に注意

2SC1815

可変抵抗器
（赤）

電源（＋側）
スイッチ
可変抵抗器中央端子

10kΩ

51Ω

緑色LED

A K

1kΩ

2SC1815

LEDは向きに注意

※入手LEDによって
抵抗値を確認

1kΩ

10kΩ

赤色LED

A K

51Ω

※入手LEDによって
抵抗値を確認

LEDの極性

A（アノード）

K（カソード）

A K

足の長いほうがA

※LEDは比較的電流値の大きなものを使ったため、直列に
接続する電流制限抵抗器は51Ωを使用したが、入手で
きるLEDが赤2.0V20mA前後であれば150Ω、緑、青
3.5V20mA前後であれば75Ωを使用するとよい

赤　　　2.0V20mA　→　150Ω
青、緑　3.5V20mA　→　75Ω

※必要な部品リストは10ページをご覧ください。

つくり方

右の基板配線図を参考に、25×15穴の基板を
25×7穴にカットし、部品面から電子部品の足
を差し込んでハンダづけします。

基板配線図

部品面から見た図

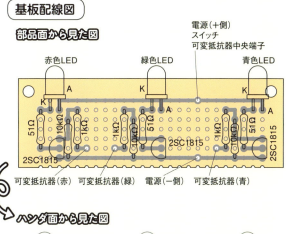

電源（＋側）
スイッチ
可変抵抗器中央端子

赤色LED　　　緑色LED　　　青色LED

A　　　　　K　　　　　K
K　　　　　A　　　　　A
51Ω　10kΩ　1kΩ　1kΩ　10kΩ　51Ω　1kΩ　10kΩ　51Ω
2SC1815　　　　　2SC1815　　　　　2SC1815

可変抵抗器（赤）　可変抵抗器（緑）　電源（一側）　可変抵抗器（青）

ハンダ面から見た図

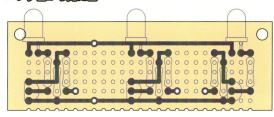

使い方

図のようなケースに仕込むと完成
度が上がります。ここではフタを
開け閉めできるタイプのチョコ
レート菓子の箱を使用しました。
電源スイッチを入れたら、LEDの
光を白い紙や壁などにあて、3つ
のツマミをさまざまに回します。
三原色の光を混ぜて、いろいろな
色をつくってみましょう。

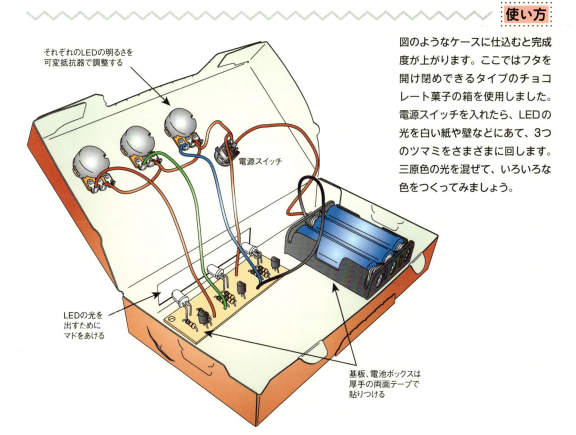

それぞれのLEDの明るさを
可変抵抗器で調整する

電源スイッチ

LEDの光を
出すために
マドをあける

基板、電池ボックスは
厚手の両面テープで
貼りつける

ピーポーサイレン

緊急事態
発生!?

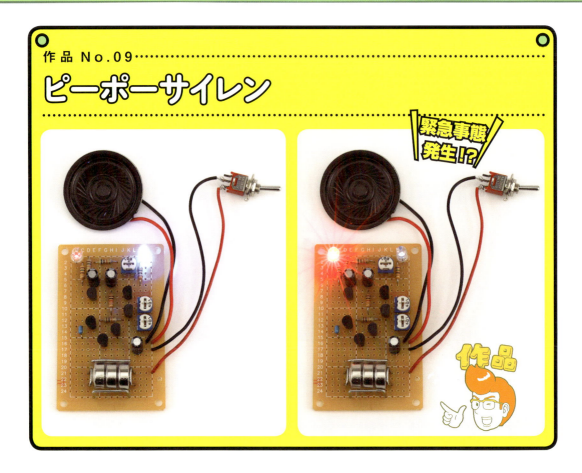

非安定マルチバイブレーターは、2つのLEDを交互に点滅させることができます。これに音をつけるために弛張発振回路を使いました。ただ、ピーと鳴るのではなく、==光の点滅に合わせてピーポーピーポーと音程が変化する回路です。==

回路図

トランジスターによる2つの発振回路を使っている。回路図右側のピンクの部分は、音の信号をつくるための弛張発振回路と空気の振動をつくるスピーカー。左側の青い部分は、交互にLEDが点滅する非安定マルチバイブレーターという発振回路だ。LEDの片方（ここでは青）が光った時に1kΩの抵抗器を通してトランジスター 2SC2120をスイッチングさせ、2つの100kΩの可変抵抗器の片方に電気を流すようにする。これで合成抵抗値が変わるので、弛張発振回路の周波数が変わり、ピーポーピーポーとサイレンのような音が鳴る。

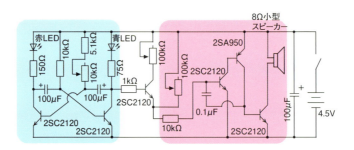

組み立て図

ユニバーサル基板に部品を組み立てた完成図。

※この回路で使用しているトランジスター 2SC2120、2SA950は現在販売が終了し、入手が難しくなっています。2SC2120は2SC2655L、8050SLと、2SA950は2SA1020L、8550SLに代替可能です。

LEDの極性

A（アノード）

K（カソード）
足の長いほうがA

A K

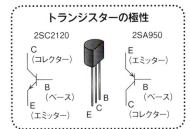

トランジスターの極性

2SC2120

C（コレクター）
B（ベース）
E（エミッター）

2SA950

E（エミッター）
B（ベース）
C（コレクター）

E C B

抵抗値の表示

抵抗器は表面の色帯によって抵抗値が表現されています

10kΩ（茶黒橙金）
5.1kΩ（緑茶赤金）
1kΩ（茶黒赤金）
150Ω（茶緑茶金）
75Ω（紫緑黒金）

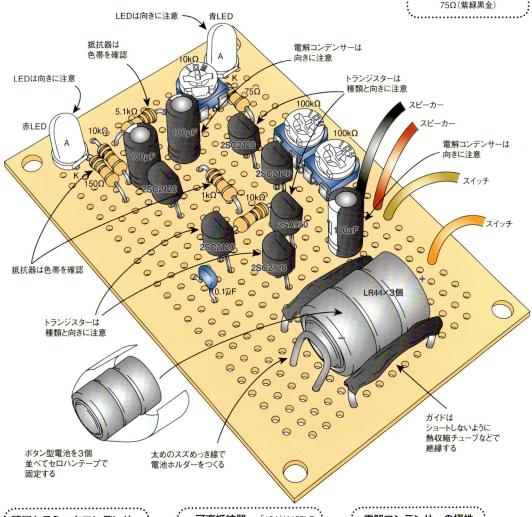

LEDは向きに注意　青LED

抵抗器は色帯を確認

LEDは向きに注意

電解コンデンサーは向きに注意

赤LED

10kΩ

5.1kΩ

10kΩ

75Ω

100kΩ

100kΩ

トランジスターは種類と向きに注意

スピーカー

スピーカー

電解コンデンサーは向きに注意

スイッチ

スイッチ

100μF

100μF

150Ω

1kΩ

10kΩ

2SC2120

2SC2120

2SC2120

2SA950

100μF

2SC2120

2SC2120

0.1μF

LR44×3個

＋

抵抗器は色帯を確認

トランジスターは種類と向きに注意

ボタン型電池を3個並べてセロハンテープで固定する

太めのスズめっき線で電池ホルダーをつくる

ガイドはショートしないように熱収縮チューブなどで絶縁する

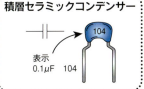

積層セラミックコンデンサー

表示
0.1μF　104

104

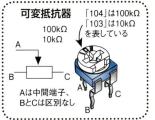

可変抵抗器

「104」は100kΩ
「103」は10kΩ
を表している

100kΩ
10kΩ

A
B　　C

Aは中間端子、BとCは区別なし

C

B

電解コンデンサーの極性

100μF
目印

足が短いほうまたは目印があるほうがマイナス側

※必要な部品リストは10ページをご覧ください。

部品面から見た図　　　　　　　　　　ハンダ面から見た図

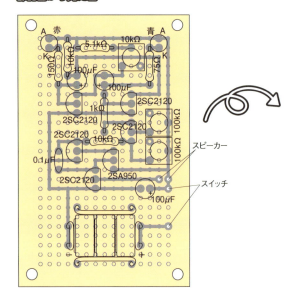

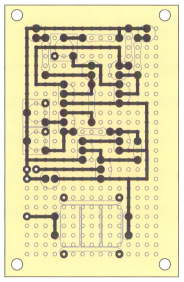

つくり方

上の基板配線図を参考に、25×15穴の基板に部品面から電子部品の足を差し込んでハンダづけします。

使い方

図のようなボール紙でつくったケースに仕込むと完成度が上がります。スイッチを入れると、赤と青のLEDが交互に光り、ピーポーピーポーとサイレンのような音が出ます。10kΩの可変抵抗器でLEDの点灯時間、100kΩの可変抵抗器でサイレンの音程を調整できるようになっています。

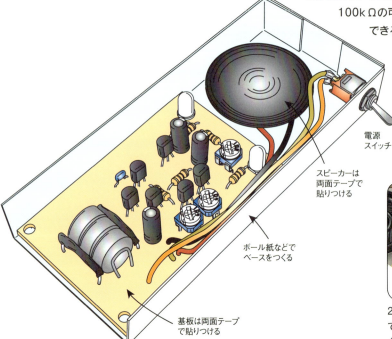

電源
スイッチ

スピーカーは
両面テープで
貼りつける

ボール紙などで
ベースをつくる

基板は両面テープ
で貼りつける

2つの100kΩの可変抵抗器を回すことで、サイレンの音が変わる。LEDの近くにある10kΩの可変抵抗器を回すと、LEDの点灯時間を調節できる。

作品 No.10

イルミラマ

これが作品だ！

ジオラマをライトアップ！

　LEDを使ったイルミネーションのような、小さなジオラマ工作です。高輝度で発色のよいLEDがつくられるようになり、街のイルミネーションなどで活躍しています。そこで、小さな紙のジオラマ模型をライトアップするような形の、イルミネーションをつくってみましょう。

　6個のLEDがランダムに点滅するような見え方をしますが、回路図では3個の交互点滅回路だということがわかります。点滅の間隔をそれぞれ変えて、ペアになっているLEDの位置を離すことで、よりランダムな感じに見えます。シンプルな回路ですが、複雑な組み合わせをもつイルミネーションになります。

回路図

トランジスター、コンデンサー、抵抗器で構成される非安定マルチバイブレーターという仕組みで、LEDをピカピカ点滅させるシンプルな発振回路。LEDの数を多くし、ランダムにチカチカと光っているように見せるために、回路を3組使っている。この回路はコンデンサーの充電、放電の時間によってトランジスターでスイッチングさせているので、コンデンサーの容量を変えるか、コンデンサーに流れ込む電気の量を調整するための抵抗値を変えることで、点滅速度を変更できる。今回の回路では、抵抗値のほうを変えた。

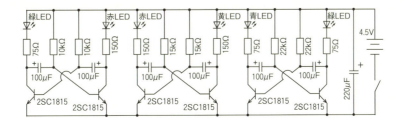

組み立て図

ユニバーサル基板に部品を組み立てた完成図。

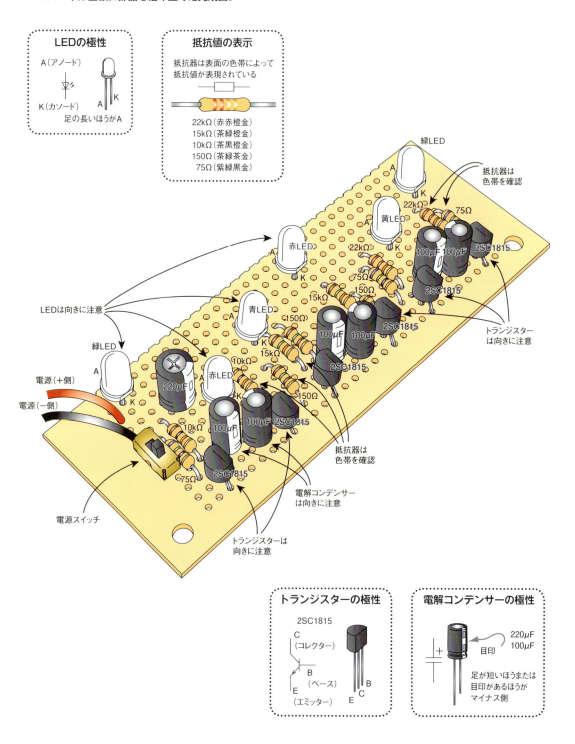

LEDの極性

A（アノード）

K（カソード）
足の長いほうがA

抵抗値の表示

抵抗器は表面の色帯によって
抵抗値が表現されている

22kΩ（赤赤橙金）
15kΩ（茶緑橙金）
10kΩ（茶黒橙金）
150Ω（茶緑茶金）
75Ω（紫緑黒金）

緑LED

抵抗器は
色帯を確認

22kΩ　75Ω

黄LED

100μF 100μF

2SC1815

赤LED

22kΩ

75Ω

150Ω

2SC1815

15kΩ

150Ω

青LED

100μF

100μF

2SC1815

LEDは向きに注意

トランジスター
は向きに注意

緑LED

100μF

2SC1815

電源（＋側）

220μF

赤LED

15kΩ

10kΩ

150Ω

電源（－側）

10kΩ

100μF

100μF

2SC1815

抵抗器は
色帯を確認

電源スイッチ

75Ω

2SC1815

電解コンデンサー
は向きに注意

トランジスターは
向きに注意

トランジスターの極性

2SC1815

C
（コレクター）

B
（ベース）

E
（エミッター）

E　C
　B

電解コンデンサーの極性

220μF
100μF

目印

足が短いほうまたは
目印があるほうが
マイナス側

※必要な部品リストは11ページをご覧ください。

つくり方

基板配線図を参考に、30×25穴の基板を半分にカットし、部品面から電子部品の足を差し込んでハンダづけします。

基板配線図

部品面から見た図

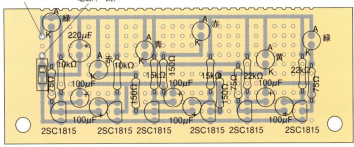

ハンダ面から見た図

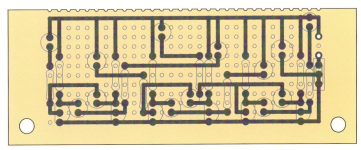

使い方

図のようなケースに仕込むと完成度が上がります。ここではフタを開け閉めできるタイプのチョコレート菓子の箱を使用し、その上から厚手の画用紙でつくったジオラマを貼りつけました。電源スイッチをONにするとLEDが点滅。画用紙でつくったジオラマをセットすると、地面から光が透過し、キラキラと不思議な情景が出現します。このジオラマ部分は、ビー玉など光を透過屈折するオブジェを置いてみたり、アルミホイルなど光を反射する素材を使ったり、工夫次第でオリジナルのイルミネーションになります。

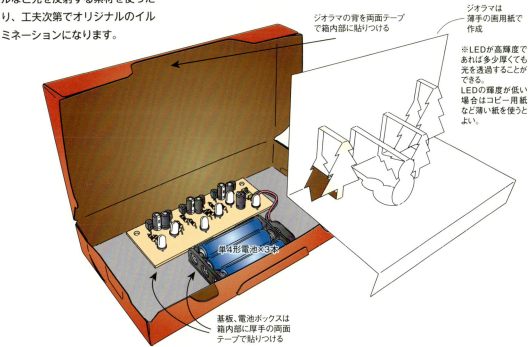

ジオラマの背を両面テープで箱内部に貼りつける

ジオラマは薄手の画用紙で作成

※LEDが高輝度であれば多少厚くても光を透過することができる。LEDの輝度が低い場合はコピー用紙など薄い紙を使うとよい。

単4形電池×3本

基板、電池ボックスは箱内部に厚手の両面テープで貼りつける

ライントレーサー

黒い線をなぞって
進むロボットカー

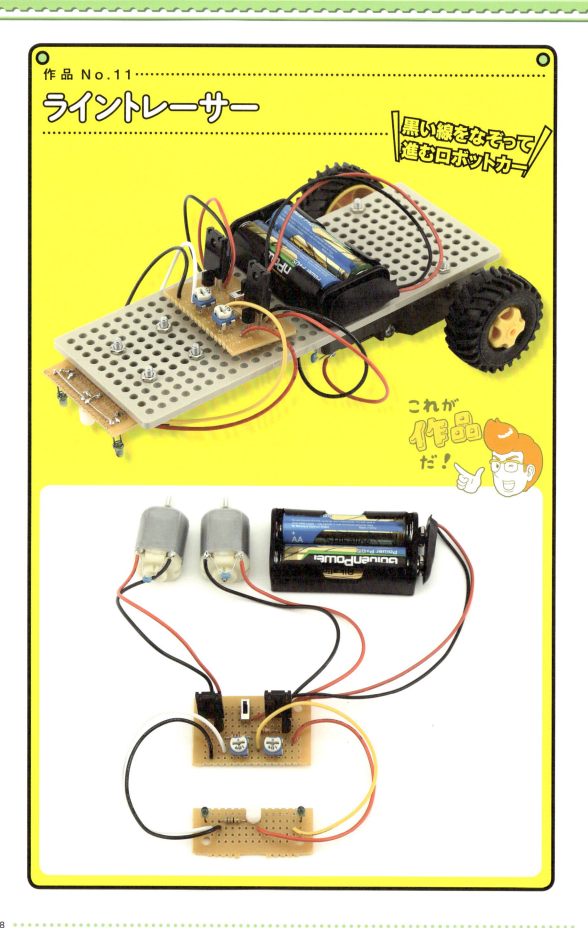

これが
作品
だ!

光でモーターをコントロールすることで、床に描かれた線に沿って自動的に進むロボットカーです。LEDの光をフォトトランジスターで受けて、床の反射で白か黒かを見分け、線の有無を感知しながら進みます。

モーターは左右別々に制御することで、左右に曲がることができます。黒い線でコースをつくれば、コースを自動で回り続けるクルマが完成します。

回路図

光センサーにフォトトランジスター NJL7502L を使い、トランジスターで増幅し、モーター駆動には 2SD1828 を使用。このトランジスターは３Aまで流すことができる。ロボットカーは左右のタイヤをそれぞれを別々に動かすことで進行方向の制御をするので、モーターを制御する回路は左右１回路ずつつくる。

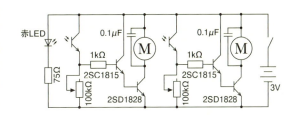

組み立て図

ユニバーサル基板に部品を組み立てた完成図。

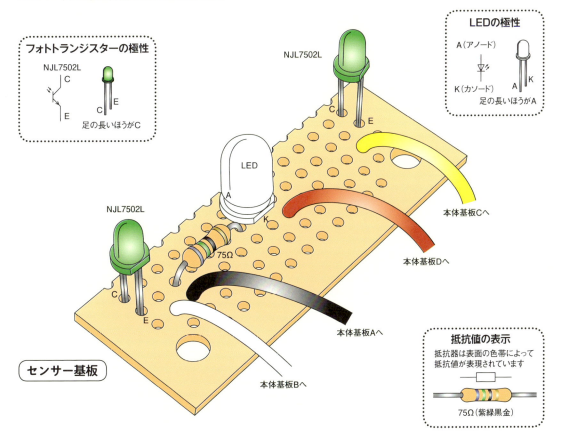

フォトトランジスターの極性

NJL7502L

C / E

足の長いほうがC

LEDの極性

A（アノード）

K（カソード）

足の長いほうがA

抵抗値の表示

抵抗器は表面の色帯によって抵抗値が表現されています

75Ω（紫緑黒金）

NJL7502L

LED

75Ω

NJL7502L

C / E

センサー基板

本体基板Cへ

本体基板Dへ

本体基板Aへ

本体基板Bへ

※必要な部品リストは11ページをご覧ください。

ユニバーサル基板に部品を組み立てた完成図。

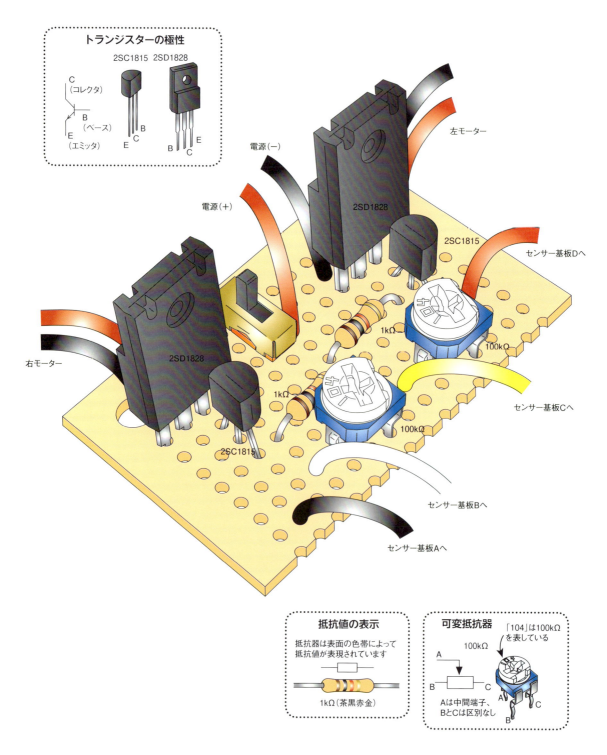

トランジスターの極性

2SC1815　2SD1828

C（コレクタ）
B（ベース）
E（エミッタ）

E C B

B C E

電源（－）

電源（＋）

左モーター

2SD1828

2SC1815

センサー基板Dへ

1kΩ

100kΩ

右モーター

1kΩ

2SD1828

100kΩ

センサー基板Cへ

2SC1815

センサー基板Bへ

センサー基板Aへ

抵抗値の表示

抵抗器は表面の色帯によって
抵抗値が表現されています

1kΩ（茶黒赤金）

可変抵抗器

「104」は100kΩ
を表している

100kΩ

A

B　　C

A

B
C

Aは中間端子、
BとCは区別なし

※必要な部品リストは11ページをご覧ください。

つくり方

基板配線図

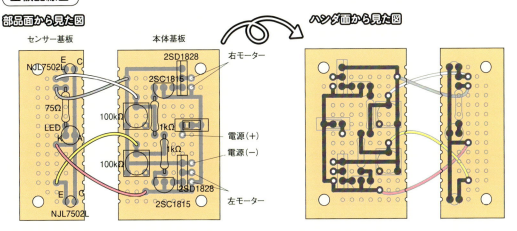

部品面から見た図　　　　　　　　　　　　　　ハンダ面から見た図

基板配線図を参考に、15×15穴の基板を5×15穴と
9×15穴にカットして切り分け、それぞれセンサー基
板と本体基板をつくる。部品面から電子部品の足を差
し込んでハンダづけをし、リード線でセンサー基板と
本体基板を接続する。

モーターの端子に、積層セラミックコンデンサーとリード線を直
接ハンダづけする。リード線はハンダめっきをして取りつける。

車体の組み立て

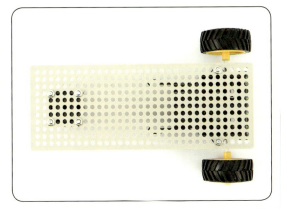

駆動系はタミヤのツインモーターギヤボックス、トラックタイヤ
セット、ボールキャスター、ユニバーサルプレートを使用。ユ
ニバーサルプレートに、写真のような形でギヤボックス、タイ
ヤ、ボールキャスターをそれぞれ接続する。

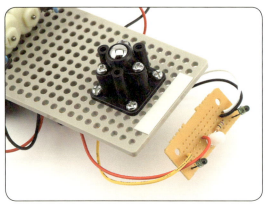

センサー基板は車体の前部に両面テープで貼りつける。

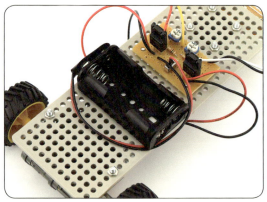

電池ボックスと本体基板を車体に貼りつけたら完成。

使い方

画用紙などの大きな白い紙に、黒マジックでコースを描きます。必ずコースがつながるようにし、あまり急なカーブをつくらないようにするのがコツです。線の上に車体をもってきたら、スイッチをONにします。LEDが光ると同時に、モーターが駆動し、走行が始まります。カーブに来たところで片方のタイヤが止まり、黒いラインに沿って曲がったら成功です。

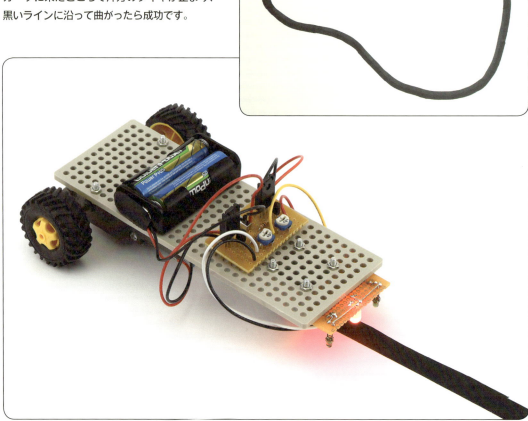

ライントレースの仕組み

LEDの光が白い面に反射すると、フォトトランジスターが光を感知します。しかし、床が黒いと光を反射しないため、光を感知せずモーターが駆動しません。

車体前方、左右に線を感知するセンサーを取りつけることで、例えば右のカーブに差し掛かった場合、右のセンサーが黒い線を感知して、右のタイヤだけを止めます。すると、左のタイヤだけが回るため、車体は右へと曲がります。

この仕組みを応用すると、下の図のように、センサーが白い線を感知したらモーターの駆動を止めることでもライントレースをさせることができます。この仕組みになるように回路を改造してみてもいいでしょう。

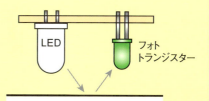

LEDの光を床の反射で感知します。床が白ければモーターがまわり、床が黒い線を感知すれば「モーターは止まります。

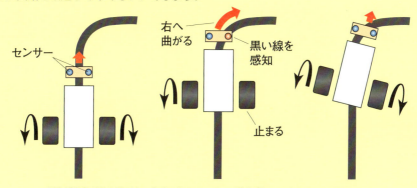

例えば右曲がりの線があった時に右のセンサーが線を感知し、右のタイヤを止める。すると車体は右に向き、進む。左の場合は反対。これを何度も繰り返すことで線に沿って進むことができる

センサーが白を感知した時に 片方のモーターを止めることで曲がる

車体の前方左右に黒い線からはみ出して白い床を感知するセンサーを取りつけ、タイヤの動きをコントロールして線にそって進ませることもできます。

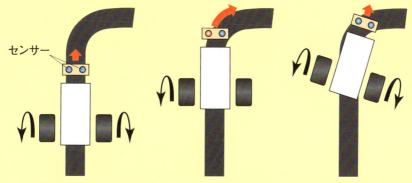

例えば右曲がりの線があった時に左のセンサーが白い床を感知し、右のタイヤを止める。すると車体は右に向き、進む。左の場合は反対。

装置が動かない時は？

「思い込み」を捨てること

　せっかくつくった工作がうまく動かないということはよくあります。まずは原因を調べるところから始めましょう。

　最初にチェックしなければいけないのは、よくありがちなことですが、自分は間違ってないという思い込みです。ここはう

まくできている、ハンダづけもちゃんとしている、という思い込みが、原因調査の大きな障害になっていることがあります。ですから、まずこれを取り去りましょう。実際に動いていないのですから、どこかに不都合があるはずです。原因の調査は冷静に、客観的に取り組むことが重要です。

目でよく見る

　電源部分から確認しましょう。乾電池のプラス・マイナスを間違える初歩的なミスも、意外とよくあります。

　つくった基板をよく確認します。部品の種類、配置、向きなどを間違えていないか？　まず部品面から見ていき、その後、ハンダ面での接続状態を確認します。ランドとはちゃんとハンダづけされているか？　接続部分でイモハンダ（27ページ参照）になっていないか？　近いところでショートしていないか、ハンダカスなどでショートしていないかなど、細かいところまで見ます。見えにくいところは、ルーペなどを使ってしっかり確認してください。イモハンダっぽいところは、再度ハンダごてを当ててしっかりハンダづけします。ハンダの盛りすぎでイモハンダっぽくなっている部分は、ハンダ吸い取り線などを使い、一度除去してから再度ハンダづけします。

　これを行っても解決しない場合は、部品の故障が考えられます。再度部品面を細かくチェックしましょう。部品に焦げているところはないか？　変色しているところはないか？　もしあれば、その部品を交換します。

元の回路図や配線図を疑う

　これでも改善しない場合は、もう一度回路図と配線図を確認します。もしかしたら、回路図や配線図に間違いがあるかもしれません。例えば、回路図の線を追っていくと、配線図では切れていたり、つながっていたりする部分が見つかるかもしれませ

ん。その場合、書籍であれば出版社、WEBであればサポートに問い合わせてみるのもひとつの手段です。自分のオリジナル設計の場合は、設計を再度確認してみましょう。この時にも「思い込み」は厳禁です。

　どこが不具合かを確認して原因部分を探します。例えば、電源を入れて点滅するはずのLEDがつきっぱなしだとすると電源部分は大丈夫ですが、点滅する部分で不具合があるのでしょう。また、LEDが全くつかない場合は電源部分が原因かもしれません。テスターを使って、どこまでちゃんと電気が流れているかを追っていくと、故障箇所を見つけられることがあります（116ページ参照）。

より専門的なトラブルシューティング

　ラジオなどの場合はさらに複雑なので、調査はある程度の習熟が必要です。例えば、音が鳴らない場合は、スピーカーが悪いのか、アンプ部分が悪いのか、あるいはアンテナのような受信部分が悪いのか、原因を見つけることは難しいでしょう。

　また、雑音が大きいというトラブルに関しても同じことが言えます。アンプ部分で不要な発振、ハウリングを起こしているのかもしれませんし、もとから電波状態が悪いのかもしれません。あるいはパソコンなどの高周波機器からの雑音電磁波をひろっている場合も考えられます。

　トラブルの原因は千差万別ですが、丁寧に調べることによって見つけられることも多いので、あきらめずに冷静に取り組みましょう。

テスターの使い方

自分で設計した電子工作がうまく動かないなど、困った時に役立つものがテスターです。接続すべきところがちゃんと接続されているか、余計な接触がないかなど、接続状態を調べることもできますし、電圧、電流、抵抗値などを測って、部品や回路の確認もできます。機能が多いものでは、トランジスターの増幅率や周波数なども測ることができるので、使い方によってはかなり強い味方になってくれます。最近はデジタルのものが主流ですが、まだまだアナログのテスターも活躍しています。

電圧の測り方

まずはダイアル（レンジ）を電圧（V）に合わせます。電圧のレンジが複数ある場合は、高いほうから測ります。電圧はプラスとマイナスの高低差を測るので、プラス側とマイナス側に端子（プローブ）を接触させて測ります。例えば、豆電球にかかる電圧を測る場合は、豆電球に並列になるように接続します。

抵抗にかかる電圧を測定する

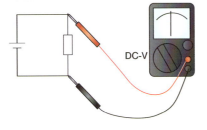

DC-V

電流の測り方

ダイアルを電流（A）に合わせます。電流のダイアルが複数ある場合は、高いほうから測ります。電流は、その部分に流れる電流の値を測るので、テスターに電気が流れるように端子を当てます。例えば、豆電球の回路に流れる電流を測る場合は、豆電球に直列になるように接続します。

回路にかかる電流を測定する

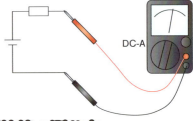

DC-A

抵抗値の測り方

ダイアルを抵抗（Ω）に合わせます。抵抗のダイアルが複数ある場合は、高いほうから測ります。抵抗器を測る場合は、測りたいところに直接端子を当てます。また、ハンダづけなどの接続がうまくできているかどうかを調べるのにも役立ちます。この時には、基板のランドや配線に端子を当てて、抵抗があるかないかを調べます。

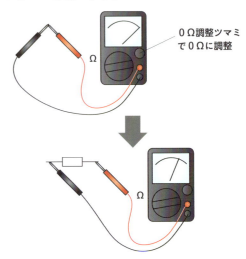

Ω

0Ω調整ツマミで0Ωに調整

Ω

第5章

回路を設計する

回路図や配線図から装置が
つくれるようになると、
自分だけのオリジナル装置がほしい
と思うようになってきます。
ここでは、既存の工作の改造から
オリジナル工作の考案までを
実例をもとに紹介します。

オリジナル工作を考える前に

ゼロからの設計はリスクが高い

　電子工作をある程度つくっていくと、何となく「こんな装置があったらおもしろい」「こんな応用ができるんじゃないか？」と自分なりの工夫を加えた作品に仕上げたくなります。その時に、全くゼロから設計を始めるというのは難しいかもしれません。

　もちろん、「まずやってみよう！」というチャレンジ精神は非常に大切です。しかし設計やつくり方を間違えると、部品の破損をはじめ、熱や爆発によって怪我をする危険がありますし、その規模が大きければ火事にもつながりかねませんから、安易(あんい)に

オリジナルをおすすめすることはできません。

　最初は、一度つくってしっかり駆動を確認したものを使って、その応用をするところから始めるといいでしょう。LEDがピカピカ光るだけのものでも、その光を応用することで全く異なる見え方に仕上げることができます。例えば、基板に取りつけられたLEDをビニール線などの接続に変えると、ランプだけを基板から離して設置することができます。また、同じものをいくつかつくり、ランプを木に設置すればイルミネーションツリーができあがります。

さて、もうちょっと光り方を変えてみたい、もっと速く、あるいは遅く点滅させたいなど、回路の性能面でのイメージがわいたら、今度は回路の見直しをして、改造を加えていきましょう。

ただし、この時にいきなり基板の改造に向かってしまうと失敗することがあります。いや、失敗そのものは悪いことではありません。どんどん失敗しましょう。失敗をすることで、仕組みが理解できることも多いのです。そして、失敗の原因がつかめれば、さらにウデは上がるので、むしろ失敗を推奨したいところです。しかし、先述したように、怪我したり事故を起こしたりしないように、くれぐれもその点だけは気をつけてください。

改造のススメ

ここではまず、回路の改造のポイントを紹介します。既存（きそん）の回路図を見て、機能がよく現れる部分を探しましょう。

例えば、LEDとかスピーカーなどです。ここが出力になります。電源はどこにあるでしょう？　その電源から出力までに、どのような部品が使われているでしょうか？　これをよく見ます。最初はよくわからなくても、回路図を見慣れてくると、それがどのような回路なのか、イメージできることがあります。

ここで、出力につながる部分にトランジスターなどが使われていれば、その入力部分、あるいは近くに抵抗器があるかもしれません。そこを改造すれば、出力の大きさを変更できたり、センサーであれば感度を調節できたりします。コンデンサーを使っている発振回路であれば、コンデンサーや抵抗器のところを改造することで、発振周波数を変更することもできるでしょう。ただし、むやみに変更すると大きな電流が流れすぎて部品が壊れてしまう場合がありますので、慎重に行ってください。

あまりにも複雑だったり、部品数が多かったりなど、回路を読むことが難しい場合もあります。また、専用ICなどが使われていて、イメージ通りの機能に改造できないこともあります。

基板改造の注意点

基板の改造は部品を交換したり、違う部品を新たにハンダづけしたりしなければなりません。ただし、せっかく苦労してハンダづけしてできあがった基板に、もう一度ハンダごてを当てて部品を外したりするのはちょっと待ってください。ここにも失敗の種は埋まっています。

特にユニバーサル基板の場合、部品と接続したランドはハンダづけによって熱を加えられていることで、基板素材との接着が弱くなっています。ですから、再度の加熱と部品抜き取りにかかる外力によって、簡単にとれてしまうことが多いのです。特に、力ずくで外そうとすると、ハンダごてを当てなくてもとれてしまうことがよくあります。

ランドがなくても、端子同士が電気的接続状態になればいいのですが、基板には部品を固定するという役割もあり、ぐらついている部品は不要な接触を生じることがあります。実際にどのような状態になるのか、これは失敗覚悟で何度も試してみるとよいでしょう。

また、ここでもうひとつ問題なのは、電子部品が実は熱に弱いということです。ハンダづけで接続するのだからそんなことはない、と思われるでしょうが、あまり加熱しすぎると部品内部が壊れてしまう場合があります。部品によっては定格表に「○○℃、○秒」という指定が記載されたものもありますので、チェックしましょう。むやみな加熱のしすぎにはご用心です。

オリジナル工作づくりのプロセス

作品考案の全体像

オリジナルの電子工作の作品をつくる時は、以下のような行程で考えるとよいでしょう。

```
アイデア出し
   ↓
デザイン検討
   ↓
回路設計
   ↓
試作
   ↓
基板設計
   ↓
制作
   ↓
全体工作
   ↓
完成
```

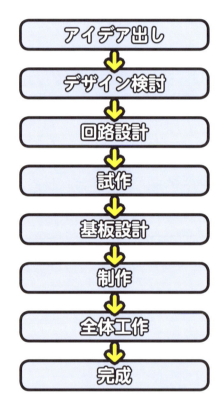

まずは、つくりたいもののイメージを固めましょう。とはいえ、いきなり夢のような非現実的なものではいけません。具体的に、どのような形でオリジナルの工作をつくっていくのか、発想から工作までのプロセスを追っていきましょう。実例として、著者が『子供の科学』誌の連載「ポケデン」用に考案した「サモダス」という作品を考えた過程も交えて紹介します。

ポケデン「サモダス」の完成写真。お菓子の箱の中におさめることで、「ポケットに入れてもち運べる電子工作」（ポケデン）がコンセプト。

どんなものをつくろうか… アイデア出し

　光るもの、音の鳴るもの、動くもの、それらの要素を複合的にもつもの、あるいは既存の機器の性能を向上させたり、過不足を補ったりする機能など、いろいろなものが考えられます。ですが、まずは他の機器に接続するものではなく、単独で機能するものを考えましょう。

　この時に、イメージの膨らませ方はいろいろあります。例えば、LEDが光るだけのシンプルなものでも、明るくする、調光する、点滅するなど、多彩な光り方があります。また、何かに反応して光る、光ることで何かを伝える、光で何かをコントロールする、光を感知するなど、光を使った装置もさまざま。さらに、赤外線LEDなどの見えない光を使ったものや、残像や軌跡といった、人間の視覚に働きかけるものなども考えられますね。

　サモダスは『子供の科学』の「ポケデン」という連載記事のための工作で、小さなお菓子の箱をケースにすることがテーマのひとつです。子供向けということで、シンプルな構造をもち、簡単に工作ができるようにすることを頭に入れながら、月刊誌の連載で8月号の工作ということもあり、季節感を意識して、この時は夏の熱中症対策に向けた装置をつくろうと考えました。

　熱中症の発症条件には、温度や身体状況に関するものなどがあります。しかし、身体状況はセンサーで測るのが難しいため、条件は気温だけにしぼりました。

30℃以上で警告ランプ！

形・機能・表現をイメージする… デザイン

　どんな形にするか、どう使うか、何を表現するか。どんな工作であっても、必要なのはその機能を分解して論理的に考えることです。

　例えば、懐中電灯をつくろうと思った時に、明るくするためにはLEDの個数を増やすか、それとも超高輝度のパワーLEDを使うか、どちらを選ぶでしょうか？また、大きさはどれくらいにするか？　さらに、発光は点滅させたり、調光できたりする機能をもたせるかどうか？　というように、形や機能、用途の面でいろいろな選択肢があり、ひとつひとつ決めていかなければなりません。それによって回路を考える必要があります。

　サモダスの場合、ポケットに入るくらいの大きさのお菓子の箱を使います。その中に装置を入れることを考えて、基板を小さくし、2つのLEDで表現することにしました。基板がデザインできたら、電池の大きさを考えながら、スーパーに行って適当な大きさのお菓子の箱を探します。その時の私は、基板と電池ボックスをもってお菓子売場をうろつく、かなりアヤシイ人だったでしょう……。

　結局、かっこよさも考え、「サモダス」は「ポッキーデミタス」の箱に入れることにしました。上部のフタをパカッと開けて装置を引き出し、温度を測るような使い方を想定しました（最終的に編集部の調整もあり、箱に入っている状態でLEDの部分に穴をあけて、光を確認するような形で記事になりました）。

Den-C

Concept
・携帯・実用性
・親近感
・意外性

電子工作の一番難しいところ…回路設計

　入力に対してどういう回路を組めば、求める出力が得られるでしょうか？　設計の一番の近道は、同じような機能をもった既存の回路図を見て、必要な部分を抜き出してみることでしょう。電子工作の書籍や、キット商品の回路図集なども参考になります。インターネットで電子工作のページを検索してみるのもよいでしょう。

　そのようにして見つけた回路図から、「ここの部分は発振回路じゃないか？」「この機能がモーターを動かしているのでは？」という見当がついたら、実際にブレッドボードなどで試してみましょう。この時に、結果が目で見えるように、部品をLEDなどに組み替えてみるのもひとつの手段です。さらに、テスターがあれば、その部分の電流や電圧などを測ってみましょう。

　ちなみに、発振回路でLEDを光らせた場合、1Hzで1秒に1回の点滅になりますが、0.1Hzでは10秒に1回なので、発振しているのかどうか、一瞬ではわかりにくくなります。ですから、確認にはしばらく時間を使う必要があります。反対に、100Hzぐらいになると、速すぎて点滅しているのかどうかわからない状態になります。この時は、LEDを振ったり、鏡に光を反射させてみたりすると、軌跡が点々となるので点滅しているのがわかります。このやり方は、非常にシンプルな確認方法です。しかし、1000Hzぐらいになるとこの方法もわかりにくくなるので、周波数を計れるテスターなどで確認しましょう。

　そこまでできれば、部品の接続や電気の流れをイメージしながら設計します。既存の回路をもとにしながら、アレンジを加えていくのがおすすめです。

　サモダスでは、温度を測るためにサーミスターという部品を使いました。これは温度によって抵抗値が変化する、いわば可変抵抗器のようなものです。ここで使った103ATは25℃で10kΩの抵抗値を示し、温度が高く

図5-1

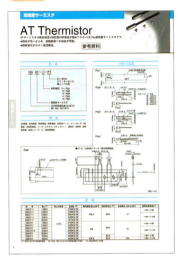

なると抵抗値が上がり、温度が低くなると抵抗値が下がります。データシートにはサンプル資料としてこのような表 (**5-1**) がありました。

さて、これをトランジスターで判断するにはどうしたらよいか？ シリコントランジスターは約0.6Vで駆動することを思い出し、これで「分圧」という方法で判断できるのではないかと考えました。

また、ここで25℃と30℃という2つの境目をどう分ければ思った通りの動きになるか？ 分圧をどのように使えばよいかが、この工作では重要なポイントです。いろいろと組み合わせて、**5-2**のように直列に抵抗器を接続しました。

図5-2

```
    103AT-2
  a
A   240Ω
  b
B   1300Ω
```

	サーミスター	A	B	a	b
20℃	12090Ω	240Ω	1300Ω	0.50V	0.43V
25℃	10000Ω	240Ω	1300Ω	0.60V	0.51V
30℃	8313Ω	240Ω	1300Ω	0.70V	0.59V

Aの抵抗値を240Ω、Bの抵抗値を1300Ωとして、サーミスターの温度変化による抵抗値の変化と、回路図のa、bの部分の分圧状況は表のようになります。

25℃未満であれば何も起こらず、25℃で青LEDが点灯、30℃で赤LEDが点灯というシンプルな表現であれば、トランジスターの出力をそのままLEDの点灯用に使えます。

サモダス回路図

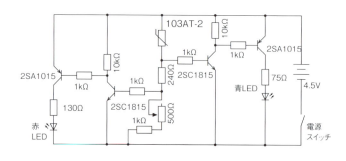

サーミスターは電子体温計などにも使われている部品で、温度によって抵抗値が変化する電子部品。ここで使った石塚電子の103ATは25℃で10kΩの抵抗値をもっており、温度が下がると抵抗値は高くなり、温度が上がると抵抗値は下がる。これに抵抗器を直列に接続し、それぞれの抵抗値で計算される比で分圧される原理を利用。トランジスターでスイッチングしてLEDを光らせている。具体的には回路図の103ATと240Ω、500Ωの可変抵抗器、1kΩの抵抗器にそれぞれ分圧される電圧の差でLEDを光らせており、結果としてサーミスターで感知した抵抗値によって温度を測ることができる。

ブレッドボードで試作

　回路図が描けたら部品をそろえ、ブレッドボードで試作してみます。端子を切り取らずにブレッドボードに差し込むと、長い分だけ余計な接触が起こる可能性があるので注意しましょう。

　回路図と同じで、上部の横一列をプラス、下部の横一列をマイナスにするように電池ボックスのリード線を配線しますが、実際の接続は最後に行いましょう。あるいは、先に接続しても電池を入れるのは最後にします。その理由は、間違えた配線をしてしまった時に電気が流れると、部品が壊れてしまうことがあるからです。これを防ぐには配線を確認し、一番最後に電気を流すことです。

　その他、ブレッドボードで試作する場合、もちろんプラスとマイナスを直接つなぐショート回路や、各部品の耐圧以上の電圧をかけること、過電流を流すことなど、部品の性能に関わる危険行為を行ってはいけません。特に、部品が多くなるにつれてブレッドボード上のジャンパー線などが複雑に入り組み、知らずにショート回路ができてしまったり、部品に負荷がかかる接触が生まれてしまったりすることがあります。電源を接続する前に、しっかりと確認してください。

　また、まれにブレッドボードで正確な配線ができないことがあります。これは、ブレッドボードの構造として、内部で金属が部品端子を挟むことで接続しているからです（5-3）。そのため、内部に入った小さなゴミが接触の妨げになったり、接触する面積がとても小さいことから、抵抗値がその部分だけ上がったりすることが原因です。つまり、ブレッドボード内で接触不良が起きているので、使っている穴を変えてみたり、ブレッドボードを新しくしてみたりすると解決することがあります。さらに、

図5-3

ブレッドボード断面

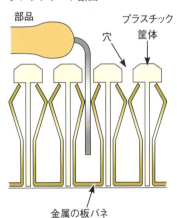

部品端子を穴に差し込むと板バネが広がり、端子を挟むように接触する。端子と板バネの間にゴミなどがあると接触が邪魔される。

サモダスブレッドボード図

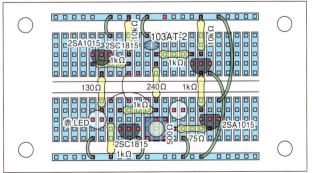

基板にハンダづけすると問題なく動く場合もあります。簡単に回路がつくれるブレッドボードだからこそ、注意が必要なこともあるのです。

　ブレッドボードで回路が組めたら、電源を接続して確認しましょう。必要であれば部品を差し替えてみてもよいでしょう。しばらく動かしてみて、発熱する部品がないか、異常がないか確認できれば試作は完了です。動きが確認できたら設計を見直し、整理して、いよいよ基板設計に入ります。

　サモダスを試作した時は、サーミスターの代わりに可変抵抗器を使い、分圧部分の設計が正しいかどうかを、ツマミを回して確認しました。その後、可変抵抗器をサーミスターに替え、指でつまんだり、冷たいものを当てたりして試験的に温度を変化させてみて、うまく動くことを確認しました。

サモダス実体図

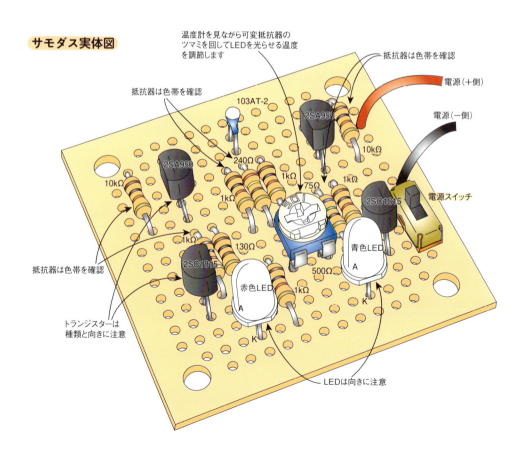

温度計を見ながら可変抵抗器のツマミを回してLEDを光らせる温度を調節します

抵抗器は色帯を確認

電源（＋側）

電源（一側）

103AT-2

2SA950

10kΩ

電源スイッチ

抵抗器は色帯を確認

2SA950

10kΩ

240Ω

1kΩ

75Ω

1kΩ

2SC1815

1kΩ

1kΩ

抵抗器は色帯を確認

130Ω

2SC1815

青色LED
A

500Ω

赤色LED
A

1kΩ

K

トランジスターは種類と向きに注意

K

LEDは向きに注意

いよいよ基板設計

　部品の接続方法と回路が確認できたら、次は基板の設計です。<mark>最初は方眼紙などを使って描いてみましょう。</mark>回路図に従うと、<mark>上に電源からのプラス側の線を描き、下にマイナス側の線を描きます。</mark>中にどれだけの部品がレイアウトできるのかがわからなければ、大きく幅を取って、上下どちらか一方から描き始めるといいでしょう。この中に、できるだけ回路図に合わせるようにレイアウトします。

　まずは正確に、接続すべきところを残さず配置します。ただし、もちろんそのままではうまくいきません。例えば、<mark>トランジスターは図記号では3方向に端子が出ていますが、実際には一列です。</mark>2SC1815の場合は、エミッターをマイナスにするので下に向けると、ベースが上に向きます。この場合はどうするのでしょうか？　これは、コレクターに負荷がある場合は右横に負荷、ベースを左横に向けるように配線すると回路図に似てきます。

　よく使う、2.54mm幅で穴の開いたユニバーサル基板を使うと、抵抗器は1／4Wのものであれば、だいたい穴5個分を取ります。また、セラミックコンデンサーは、使うものにもよりますが、穴3個分を取ります。このようなことを意識しながらレイアウトしていきましょう。

　接続を確認しながらレイアウトし、その後、配置の簡略化をすると間違いが起こりにくくなります。しかし、全体のデザインが決まっているのであれば、基板の大きさや部品の配置なども考えなければいけません。<mark>簡略化の作業は「この部品をここに配置すると、ここが配線できない」とか、パズルを解くようでなかなか楽しいものです。</mark>また、うまくできたと思っても、工作時に指が届かない、ネジがしめられないなど、物理的な失敗もあり、楽しいけれども非常に頭を使います。鉛筆と消しゴ

基板配線図

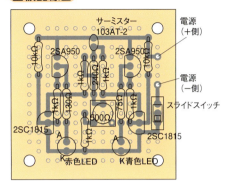

部品面

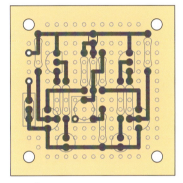

ハンダ面

実際の基板設計はパソコンの描画ソフトを使っており、部品の位置を動かしたり、元に戻したり、画面上で何度も繰り返して考えています。

基板写真

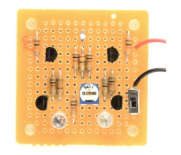

部品面

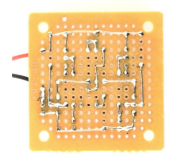

ハンダ面

図5-5

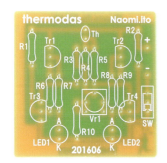

サモダスのプリント基板。つくり方は130ページ参照。

ムを使って、納得のいくまで何度でも描き直してください。

LEDなど、出力部品の配置は全体のデザインにも関わってくるので、どうしても接続が難しい箇所が出てくるでしょう。その場合はジャンパー線を使います。普通はスズめっき線ですが、遠くをつなぐ時はビニール線で、部品の隙間を縫うように配置する場合もあります。ただし、こうした接続部分は少ない方が、配線間違いなどの失敗をする確率が低くなるので、必要な部分以外は極力避けたところです。

最後に、配線が間違っていないか、もう一度確認しましょう。

設計通りつくってみる…制作

基板設計ができたら、内容をよく確認します。実際に購入した抵抗器がちょっと大きかったとか、可変抵抗器の端子の並びが直線だったなど、実際と異なってしまうことがあれば、もう一度見直しましょう。部品を見直すか、設計を見直すか、これはそのデザインや用途を考えて検討してください。

さて、あとはユニバーサル基板を使って、ハンダづけをして組み立てていきましょう。完成したら、間違いがないかよく確認してから電源を接続します。思ったように機能すれば基板は完成です。

ケースなどに入れて仕上げ… 全体工作

最後に、ボール紙やアクリルなどの素材で筐体(機器を収める箱)をつくって仕上げます(152ページ参照)。「サモダス」の場合はお菓子の箱に仕込むため、ボール紙でベースをつくって、基板と電池ボックスを両面テープで貼りつけました(5-4)。これできれいに箱におさまります。あとは、表示用のLEDが見えるように、ケースに穴をあけるなどして完成です。著者はワークショップの工作教材用として、部品レイアウトを再考し、プリ

ント基板（**5-5**）にして子供たちに電子工作を体験しても
らうこともしています。

　また、本書の150ページでは、熱中症というテーマ
を変えずに、マイコンを使ってプログラムで高精度をめ
ざせるように展開しています。1つのテーマから、いろ
いろな段階で改造や展開ができるのも電子工作の楽しみ
のひとつです。

図5-4

LEDが見えるように
穴をあける

ポッキーデミ
タスのケース
（ケースは工
夫してみよう）

そのままケースの
中に収める

単3形電池×3本

電池ボックスは両面テープで
貼りつける

ボール紙でベースをつくる

基板は厚手の両面テープ
で貼りつける

完成！

500Ωの半固定抵抗器を中間の約250Ωに
セットした場合、気温約25℃以上で青色
LEDが点灯。30℃を超えたぐらいで赤色
LEDが点灯します。赤ランプがついている
時は熱中症に要注意です。

25℃以上　　30℃以上　　24℃以下

プリント基板に挑戦

プリント基板は、エッチングという手法を使えば自分でつくることができます。これができると、自分で部品の配置のデザインをすることができます。

●基板の設計

部品の大きさや仕上がりの形などを考えて、回路図に従って基板を設計します。すでにプリントパターンがあれば、そのまま利用してもよいでしょう。

●アートワーク

設計ができたら基板の銅はく面に写します。必要な部分を溶かさないように、専用のレジストペンでマスキングをします。また、光を当てて感光させ、マスクをつくるのが感光基板です。あらかじめ、設計したものをトレーシングペーパーなどでつくっておき、これを写し取って現像し、マスクをつくります。

●エッチング

薬品で、不要な部分の銅を溶かします。プラスチックのバットにエッチング液を入れ、基板を浸すと、5〜20分ぐらいでマスキングしていない部分が溶けます。割りばしのようなものでときどき揺らすと、反応が多少速くなります。エッチング液の取り扱いには十分注意しましょう。注意書きをよく読み、使用後の液は適切に処理してください。

●後処理

エッチングが終わったら、流水で十分洗い、専用の溶剤などでマスキングを取り除きます。そのままでもよいですが、さらにフラックス(ハンダづけをしやすくする薬品)やソルダーレジスト(透明な緑色のコーティング剤)を使って処理を行えば万全です。

穴あけは、普通の部品の足であれば0.8〜1mmぐらいのドリルを使いましょう。

●確認

隣のランドとつながっていないことを確認してください。たとえつながっている部分があっても、小さければカッターなどで切り取れる場合もあります。

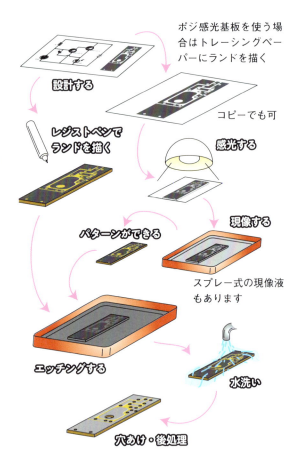

設計する

ポジ感光基板を使う場合はトレーシングペーパーにランドを描く

コピーでも可

レジストペンでランドを描く

感光する

パターンができる

現像する

スプレー式の現像液もあります

エッチングする

水洗い

穴あけ・後処理

パターンを描いた時にチェックし、接触してるところはカッターなどで削ってしまう。

エッチング後にチェックし、接触してるところはカッターなどで削ってしまう。

ハンダづけ後にチェックし、接触してるところはカッターなどで削ってしまう。

第6章
マイコンを使う

電子工作が好きな人が
増えていることの大きな理由が、
お手軽なマイコンの普及でしょう。
その中でも特に人気の
「Raspberry Pi」と「Arduino」を
使って電子工作を拡張する
基本のやり方を紹介しましょう。

マイコンと電子工作

照明　マイコン　プログラミング　センサー

プログラミングで
複雑な制御が可能に！

　小さなマイコンと電子工作をつなげると、さらに工作の楽しみが膨らみます。マイコンそのものも電子部品の集まりですが、プログラミングによってさまざまなことができます。例えばLEDを点滅させることも、光センサーに反応し、暗くなったら自動的にLEDを点灯することもできます。これらは電子工作でももちろんできますが、プログラムを組むことで動きを複雑にコントロールすることができるのです。

　照明の明るさを光センサーでコントロールさせることを考えましょう。光センサーで、周囲が暗くなることを感知したら照明が点灯します。ここまではシンプルな電子工作でも可能です。点灯している中で人が動けば、光センサーが多少の変化を感知します。光センサーにしばらく何も変化がなければ、人がいなくなったと判断し、自動的に照明を少し暗くし、さらにしばらく光センサーに何も変化がなければ、照明を消します。この装置を電子工作でつくろうとすると、回路はかなり複雑になります。

　プログラムでは、あらかじめ光センサーの入力の値と照明の出力の値を記録しておき、それによってコントロールする仕組みを設計することができます。例えば、消える前に「消えますよ」と言う意味で何度か点滅させるとか、ブザーを鳴らすとか、接続する機器によってさまざまなことができるようになるでしょう。

　マイコンの使い方がわかると、電子工作の世界がさらに広がります。

マイコンとは

「Raspberry Pi（ラズパイ）」や「Arduino」など、ワンボードの小さなコンピューターを総称して、ここではマイコンと呼んでいます。以前はコンピューターと言えば巨大な計算機で、ラックの中で磁気テープが回っているイメージがありましたが、これは数十年前のこと。その当時は机の上に置くことができる小さなコンピューターをマイクロコンピューターと言い、略してマイコンと呼んでいました。いつの間にか、これが個人的に使われるようになりパーソナルコンピューター、略して「パソコン」と言われるようになりました。今のマイコンはさらに小さく、片手に乗る程度ですから技術の発展はすさまじいものです。

本書では、マイコンの中でもユーザーが多いラズパイとArduinoを取り上げます。もちろん他にもいろいろなマイコンがありますが、詳細はそれぞれの専門書籍に譲ります。フィジカルコンピューティング、ウェアラブルコンピューティングなど、IoT（Internet of Things、モノのインターネット）が盛んになっていますので、これからもさまざまな外部入出力を多彩にコントロールできるマイコンが開発されていくでしょう。

それぞれの特徴がありますので、用途によって選び分けたり、機能などを詳しく調べたりして、マイコンをトコトン使ってみるのもいいですね。

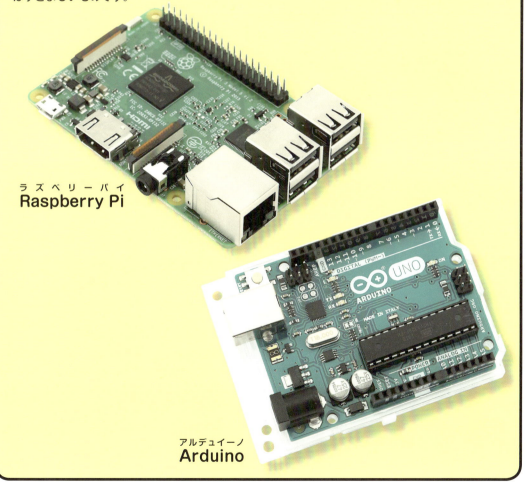

ラズ ベ リ ー パ イ
Raspberry Pi

アルデュイーノ
Arduino

ラズパイとは

ラズパイ

本書では、「ラズパイ3モデルB」を使用する。基本スペックは以下の通り。

ラズパイ3 モデルBの基本仕様

SoC	Broadcom BCM2837
CPU	1.2GHz クアッドコア Cortex-A53 ARMv8 64bit
GPU	デュアルコア VideoCore IV® 400MHz（3D 300MHz）
メモリー	1GB DDR2 450MHz 低電圧 SDRAM
電源	Micro USB Bソケット 5V 2.5A/2.54mm ピンヘッダ
最大消費電力	約12.5W
サイズ	85 × 56 × 17mm

インターフェース

イーサネット	10/100 Base-T RJ45 ソケット
無線LAN	IEEE 802.11 b/g/n 2.4GHz
Bluetooth	Bluetooth 4.1、Bluetooth Low Energy
ビデオ出力	HDMI (rev. 1.4)、コンポジット 3.5mm 4極ジャック（PAL、NTSC）、DSI
オーディオ出力	3.5mm 4極ジャック、HDMI（ビデオ出力と共有）、I2S ピンヘッダ
USB	USB 2.0 × 4
GPIO コネクター	40ピン 2.54mm ピンヘッダ
メモリーカードスロット	micro SD メモリーカード（SDIO）

Linux

パソコンのOSのひとつ。WindowsやMacOSのようにGUIを使ったわかりやすいインターフェイスをもち、基本的に無償で使うことができる。

OS

パソコンの基本動作を司るオペレーティングシステム（Operating System）のこと。特にパソコンの状態を示したり、入力、命令を画面で行うGUI（Graphical User Interface）が主流です。

Scratchを使ってプログラミング

ラズパイは「Linux」というOSをセッティングすることができ、モニター表示やキーボードとマウスでの入力ができる、いわばWindowsやMacと同じように使える小型のパソコンです。雑誌『子供の科学』では「ジブン専用パソコン」(6-1) という名称で、ディスプレイ、キーボード、マウス、マイクロSDカード、コード類などのセットを販売しています。

さらに、外部入出力の端子を備えているので、電子工作ともあわせて使うことができます。特に「Scratch」(6-2) というブロックを積み上げていくスタイルのグラフィカルなプログラム言語をインストールすると、とても便利に、プログラミングの専門知識がなくても外部入出力をコントロールできます（「ジブン専用パソコン」では、あらかじめScratchなどの必要なソフトがインストールされたマイクロSDカードがついているので大変便利です）。早速ここで使ってみましょう。

図6-1

「KoKaジブン専用パソコンキット」は子供の科学の物販サイト「KoKa Shop!」にて発売している。

図6-2 Scratch

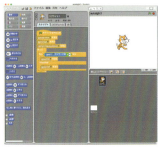

「Scratch」はマサチューセッツ工科大学メディアラボが開発した教育用プログラミングツールで、無料で使えて、ブラウザ上でプログラミングができることから世界中に広がった。ラズパイ専用のOS「ラズビアン」には標準搭載されている。

ラズパイのGPIO

　ラズパイには外部機器との接続のために、USBなど既存のインターフェイスの他に**GPIO**という端子が備えられています（**6-3**）。これは、基板に並んでいる40本のピン端子ですが、電源などの他、入出力ができるGPIO端子が27個あります。<mark>このGPIOを使えば、自分でつくった電子工作を動かすのはもちろん、センサーからの入力ができるので、プログラムによる複雑なコントロールが可能になります。</mark>

GPIO

General Purpose Input/Outputの略。「汎用入出力」の意味で、外部と入出力などを行うために、コンピューターボード上に備えられたピンなどの端子のこと。

図6-3
GPIO

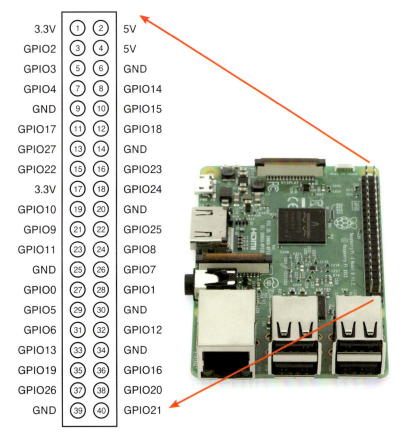

3.3V	①	②	5V
GPIO2	③	④	5V
GPIO3	⑤	⑥	GND
GPIO4	⑦	⑧	GPIO14
GND	⑨	⑩	GPIO15
GPIO17	⑪	⑫	GPIO18
GPIO27	⑬	⑭	GND
GPIO22	⑮	⑯	GPIO23
3.3V	⑰	⑱	GPIO24
GPIO10	⑲	⑳	GND
GPIO9	㉑	㉒	GPIO25
GPIO11	㉓	㉔	GPIO8
GND	㉕	㉖	GPIO7
GPIO0	㉗	㉘	GPIO1
GPIO5	㉙	㉚	GND
GPIO6	㉛	㉜	GPIO12
GPIO13	㉝	㉞	GND
GPIO19	㉟	㊱	GPIO16
GPIO26	㊲	㊳	GPIO20
GND	㊴	㊵	GPIO21

※◯の中の数字は端子番号。端子番号とGPIOの番号は同一ではないから要注意。Scratchでプログラミングする時は、GPIOの番号を使用する。

ラズパイでLEDを光らせる

図6-4

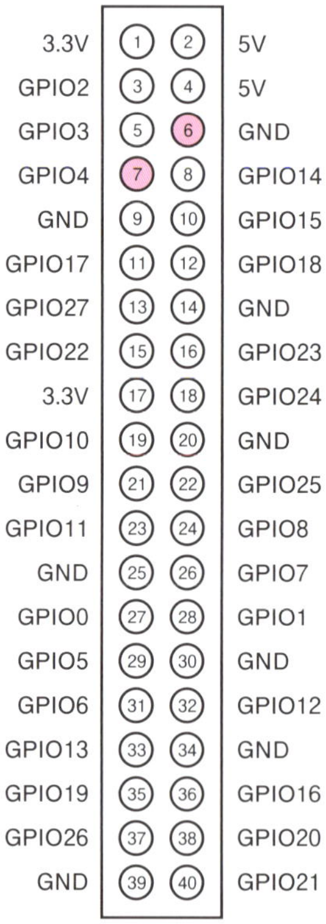

GPIO4
Raspberry Pi
GND
赤色 LED
100Ω

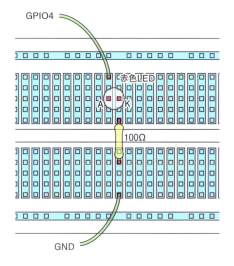

3.3V	①	②	5V
GPIO2	③	④	5V
GPIO3	⑤	⑥	GND
GPIO4	⑦	⑧	GPIO14
GND	⑨	⑩	GPIO15
GPIO17	⑪	⑫	GPIO18
GPIO27	⑬	⑭	GND
GPIO22	⑮	⑯	GPIO23
3.3V	⑰	⑱	GPIO24
GPIO10	⑲	⑳	GND
GPIO9	㉑	㉒	GPIO25
GPIO11	㉓	㉔	GPIO8
GND	㉕	㉖	GPIO7
GPIO0	㉗	㉘	GPIO1
GPIO5	㉙	㉚	GND
GPIO6	㉛	㉜	GPIO12
GPIO13	㉝	㉞	GND
GPIO19	㉟	㊱	GPIO16
GPIO26	㊲	㊳	GPIO20
GND	㊴	㊵	GPIO21

まずはプログラミングを体験

GPIOにLEDをつなげて光らせてみましょう。まず、6-4のように赤色LEDと電流制限抵抗器100Ωを直列にして、GPIO4の端子とGND端子に接続します。

ラズパイのGPIOから出力される信号は3.3Vで16mAです。赤のLEDだとしたら2V 20mAですので、電流制限抵抗器は1.3Vかかるようにして、回路に流れる電流を16mAとすると1.3V／0.016A＝81.25Ωの抵抗器が必要です。これより大き目の100Ωの抵抗器を使用しています。

このままでは、まだLEDは光りません。

図6-5

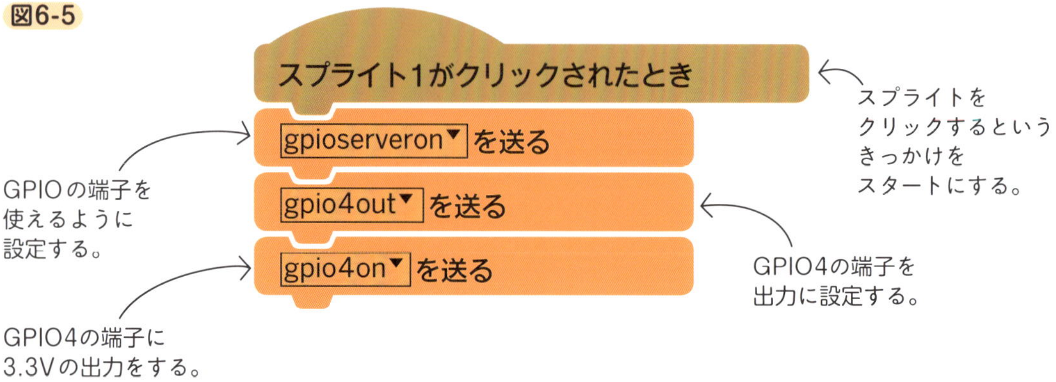

スプライト1がクリックされたとき

gpioserveron▼ を送る

gpio4out▼ を送る

gpio4on▼ を送る

スプライトをクリックするというきっかけをスタートにする。

GPIOの端子を使えるように設定する。

GPIO4の端子を出力に設定する。

GPIO4の端子に3.3Vの出力をする。

このGPIO4に出力をするようプログラムを組まなければ、GPIO4には電気信号が流れないのです。Scratchを使ってGPIOに出力するようプログラムを組んでみます。ブロックを**6-5**のように組んでみましょう。これでScratchの画面に表示されているネコのスプライト（キャラクター）をクリックすると、LEDが光るはずです。ただし、このままでは光ったまま。そこで、ブロックを追加して1秒光ったら消えるようにしましょう（**6-6**）。

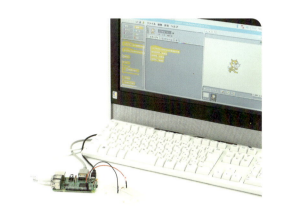

図6-6

> スプライト1がクリックされたとき
>
> gpioserveron▼ を送る
>
> gpio4out▼ を送る
>
> gpio4on▼ を送る
>
> 1 秒待つ　　　　←────── 中の数字を変更することで光る秒数を設定することができる。
>
> gpio4off▼ を送る

青や白のLEDを使う場合は

回路図

青色 LED を外部電源で点ける

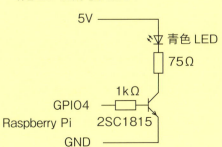

ラズパイのGPIOからは3.3V16mAまでしか電流を流せないので、3.5V20mAの白や青色のLEDを光らせるには少し足りません。これを解決するために外部からの電源を使い、LEDを駆動する回路を組みましょう。そうすれば問題なく光らせることができます。これにはトランジスターを使うと便利です。図のように組んでみましょう。Scratchのプログラムはそのままで、スプライトをクリックすればLEDは1秒光って消えます。

ラズパイでLEDを点滅させる

赤黄青緑色LEDの信号機をつくる

　複数のLEDを別々に制御する場合、それぞれのLEDについてGPIOを変えて接続します。例えば、交通信号機のように青がついて、次に黄がついて、続けて赤がつき、これを繰り返す装置をプログラムしてみましょう（6-7）。実際の信号機は交差点によって赤が長かったり、黄は短かったりと、いろいろなパターンがありますから、その点灯時間をプログラムで制御できるようにします。

回路図

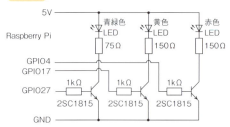

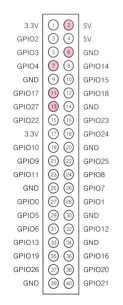

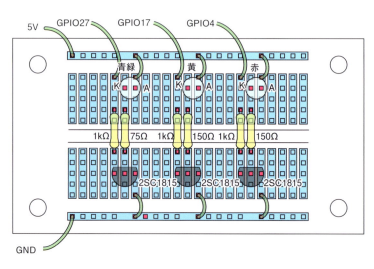

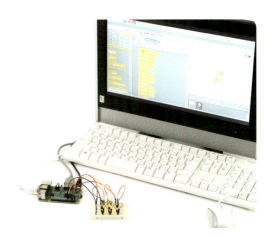

図6-7

🚩 がクリックされたとき

gpioserveron▼ を送る

config4out▼ を送る

config17out▼ を送る

config27out▼ を送る

ずっと

　gpio4on▼ を送る

　gpio17off▼ を送る

　gpio27off▼ を送る

　60 秒待つ

　gpio4off▼ を送る

　gpio17off▼ を送る

　gpio27on▼ を送る

　50 秒待つ

　gpio4off▼ を送る

　gpio17on▼ を送る

　gpio27off▼ を送る

　10 秒待つ

GPIO端子を使う。

緑の旗が
クリックされたことを
スタートの合図にする。

GPIO端子の4、17、27を
使ったので、それぞれの端子を
出力することを宣言。
赤は4、黄色は17、青緑は27番
を使っている。

GPIO4をONにして
赤のLEDを点灯、他を消灯する。

赤がついてる時間分待つ。

GPIO27をONにして
青緑のLEDを点灯、他を消灯する。

青緑がついてる時間分待つ。

GPIO17をONにして
黄色のLEDを点灯、他を消灯する。

黄色がついてる時間分待つ。

スタートしたら
終わることなく
ずっと繰り返す。

ラズパイでセンサーを使う

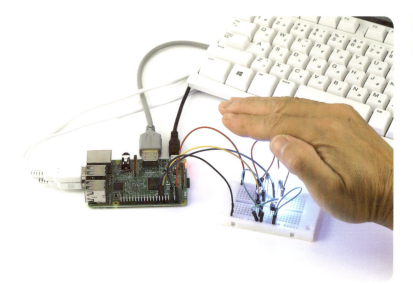

暗くなると LEDが点灯する プログラム

　GPIOにセンサーをつなげて状態の変化を読み取り、機器をコントロールさせてみましょう。ここでは光センサーのフォトトランジスターを使って、光の状態を読み取ります。ただし、ラズパイのGPIOはデジタル入力しか認識されないので、明るいか暗いかのどちらかしか判断できません。しかし、センサーはアナログなので、まずはトランジスターのスイッチング機能でON-OFF状態をつくるようにして、感度調節は可変抵抗器を使っています。

回路図

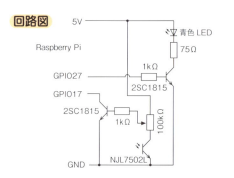

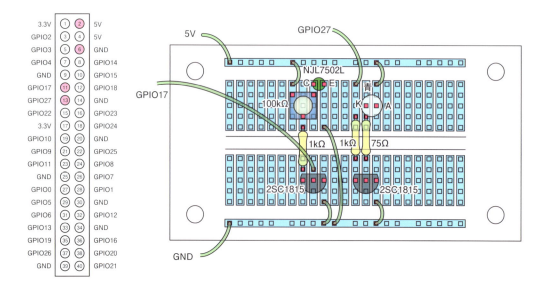

図6-8

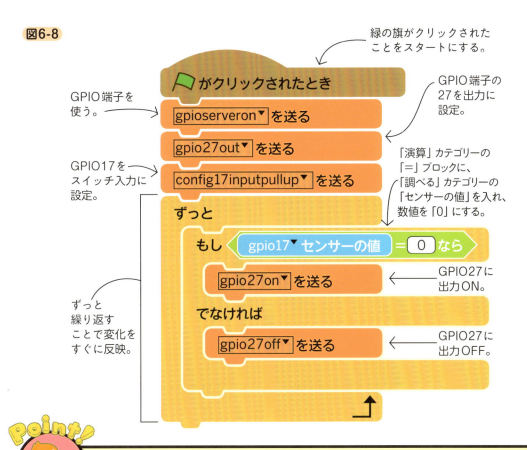

緑の旗がクリックされた
ことをスタートにする。

GPIO端子を
使う。

GPIO端子の
27を出力に
設定。

GPIO17を
スイッチ入力に
設定。

「演算」カテゴリーの
「＝」ブロックに、
「調べる」カテゴリーの
「センサーの値」を入れ、
数値を「0」にする。

GPIO27に
出力ON。

ずっと
繰り返す
ことで変化を
すぐに反映。

GPIO27に
出力OFF。

pullupとpulldown

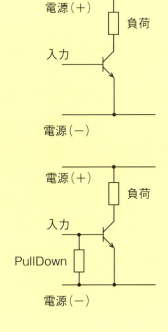

電源（＋）

負荷

入力

電源（－）

電源（＋）

負荷

入力

PullDown

電源（－）

　例えば左の図のような回路の場合、トランジスターのベースへの入力によって負荷に電気が流れます。入力部分がどこにも接続されていない場合、実はプラスかマイナスか不明で、電気的に不安定な状態になります。入力信号がプラスの電気で行われる場合は、通常マイナス入力にしておくと、信号がハッキリします。その時、下の回路図のように抵抗器を入れるプラス信号が入力される時以外は、マイナス側に接続されているのと同じ形になるので信号が安定します。これを「プルダウン抵抗」と言います。「プルアップ」は反対に、プラス側にしておくためのものです。

　Scratchではプログラム上であらかじめこれを設定することができ、6-8でも使っています。

Arduinoとは

Arduino

デジタル、アナログの入出力端子を備えたマイコンです。入出力端子を使い、センサーなどの入力に対して、LEDやモーターを動かすなど制御が簡単にできます。

Arduino IDE

Arduino専用のプログラミング環境です。Arduinoではプログラムはスケッチと呼びますが、これをコンパイルし、本体にアップロードするところまで簡単にできます。

コンパイル

プログラムを組み立てた後、コンピューターで実行できるように機械語に変換します。これをコンパイルと言います。

シールド

Arduinoの小さな基板の入出力端子に直接差し込んで使える外部装置のことをシールドと呼びます。入力系、出力系など多種のシールドがあります。

テキスト言語でプログラムを組む

Arduinoはパソコンと異なり、組んだプログラムを使うことで外部機器のコントロールができるワンボードマイコンです。プログラムは他のパソコンで組み、USB端子などを使ってArduinoのメモリーに書き込みます。これを「アップロード」と言いますが、何度も書き込むことができ、一度書き込んだらパソコンから外して単独で使えるので、小規模なシステム構築には非常に便利です。

専用プログラミング環境の**Arduino IDE**を使いますが、**コンパイル**やエラー表示などがわかりやすく、扱いやすいのが特徴です。また、Arduinoシリーズはハードウェアにも大きさや形、機能などさまざまなバージョンがあり、**シールド**と呼ばれる外部との入出力に使える接続基板も多くの種類がそろっているので、いろいろな使い方ができます。

本書では「Arduino UNO」を使っています。スペックは以下の通りです。
- 搭載マイコン：ATmega328（I-03142）
- マイコン動作電圧：5V
- ボード入力電圧：7-12V
- デジタルI／Oピン：14本
- PWM出力可能ピン：6本
- アナログ入力ピン：6本
- フラッシュメモリ：32キロバイト
- SRAM：2キロバイト
- EEPROM：1キロバイト
- クロック周波数：16MHz

Arduinoの入出力端子

　Arduino UNO は Windows や Mac のようなGUIの
OSはありませんし、キーボードやモニター出力にもつ
なげられません。外部機器の制御には専用のデジタル入
出力端子が14本、アナログ入力端子が6本、ソケット
の形で基板に取りつけられています。そして、これらは
それぞれ機能が異なり、アナログ入力、デジタル出力な
ど、入出力のピンが決まっています。プログラムは別の
パソコンで組み、Arduinoにアップロードすることで
制御機器として使うことができます。

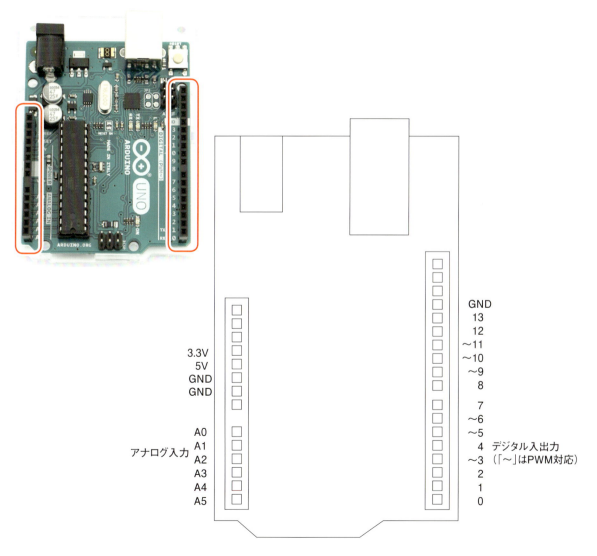

3.3V
5V
GND
GND

アナログ入力
A0
A1
A2
A3
A4
A5

GND
13
12
～11
～10
～9
8

7
～6
～5
4
～3
2
1
0

デジタル入出力
（「～」はPWM対応）

※パソコンにArduinoIDE をインストールし、ポートを設定しておきます。
ArduinoIDE にはサンプルプログラムも多数用意されているので、いろい
ろなことにチャレンジしてみてください。

ArduinoでLEDを光らせる

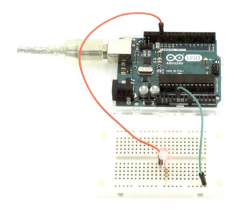

LEDを光らせてみる

　まずは、入出力端子にLEDをつなげて光らせてみます。**6-8**のように赤色LEDと電流制限抵抗器150Ωを直列にして、入出力端子の13番ピンとGND端子に接続しましょう。

　Arduinoの端子から出力される信号は5Vで20mAです。赤のLEDだとしたら2V20mAですので、電流制限抵抗器は3Vかかるようにして、回路に流れる電流を20mAだとすると3V／0.02A＝150Ωの抵抗器が必要です。

　このままでは、まだLEDは光りません。<mark>この13番ピンに出力をするようプログラムを組まなければ、13番ピンに電気信号が流れないのでLEDは光らないのです。</mark>ArduinoIDEを使って13番ピンに出力するようプログラムを組んでみましょう（**6-9**）。Arduinoでは、このプログラムを「スケッチ」と呼んでいます。

図6-8

```
13番ピン
              ┌─── 赤色LED
Arduino
              └─── 150Ω
       GND
```

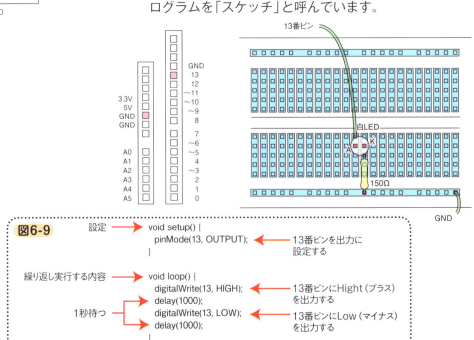

図6-9

設定	void setup() {
	pinMode(13, OUTPUT);	← 13番ピンを出力に設定する
	}
繰り返し実行する内容	void loop() {
	digitalWrite(13, HIGH);	← 13番ピンにHight（プラス）を出力する
1秒待つ	delay(1000);
	digitalWrite(13, LOW);	← 13番ピンにLow（マイナス）を出力する
	delay(1000);
	}

LEDを順番に光らせる

　次に、LEDを３個順番に光らせてみます。ただし、Arduinoも出力端子から流すことのできる電流には限界がありますので、**6-10**のように配線するのは3個のうち1個が光るプログラムを組んだ時だけです（**6-11**）。

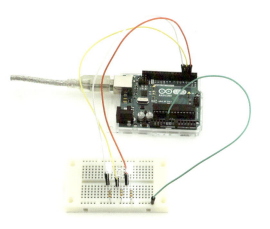

図6-10

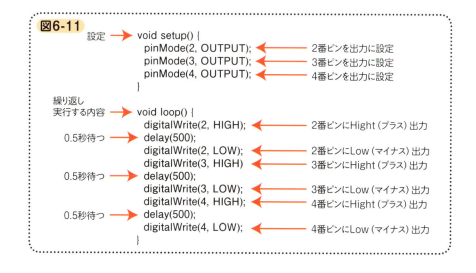

図6-11

```
設定 → void setup() {
          pinMode(2, OUTPUT);      ← 2番ピンを出力に設定
          pinMode(3, OUTPUT);      ← 3番ピンを出力に設定
          pinMode(4, OUTPUT);      ← 4番ピンを出力に設定
        }

繰り返し
実行する内容 → void loop() {
          digitalWrite(2, HIGH);   ← 2番ピンにHight（プラス）出力
0.5秒待つ → delay(500);
          digitalWrite(2, LOW);    ← 2番ピンにLow（マイナス）出力
          digitalWrite(3, HIGH)    ← 3番ピンにHight（プラス）出力
0.5秒待つ → delay(500);
          digitalWrite(3, LOW);    ← 3番ピンにLow（マイナス）出力
          digitalWrite(4, HIGH);   ← 4番ピンにHight（プラス）出力
0.5秒待つ → delay(500);
          digitalWrite(4, LOW);    ← 4番ピンにLow（マイナス）出力
        }
```

3個同時に光らせる
プログラム

6-12のようにトランジスターを使って接続をした場合、同時に3個のLEDを光らせることもできます。例えば、**6-13**のようにスケッチを書き換えた場合、LEDは順番に増えながら点灯し、減りながら消灯します。

ここで使う白色LEDは3.5V20mAなので、電流制限抵抗器には1.5Vかかるようにして、回路に流れる電流を20mAとしたら1.5V／0.02A＝75Ωの抵抗器を使いましょう。

図6-12

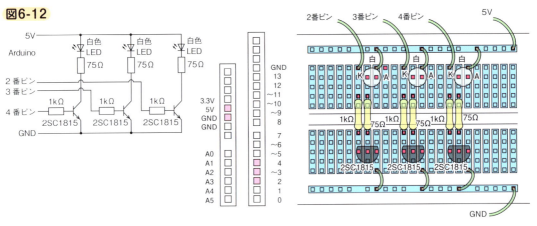

図6-13

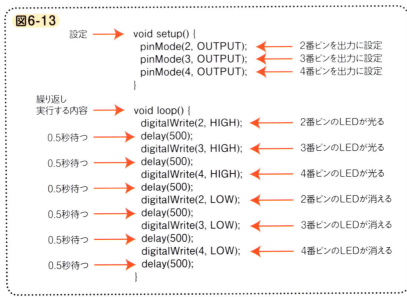

```
設定              void setup() {
                    pinMode(2, OUTPUT);      2番ピンを出力に設定
                    pinMode(3, OUTPUT);      3番ピンを出力に設定
                    pinMode(4, OUTPUT);      4番ピンを出力に設定
                  }

繰り返し
実行する内容        void loop() {
                    digitalWrite(2, HIGH);   2番ピンのLEDが光る
0.5秒待つ           delay(500);
                    digitalWrite(3, HIGH);   3番ピンのLEDが光る
0.5秒待つ           delay(500);
                    digitalWrite(4, HIGH);   4番ピンのLEDが光る
0.5秒待つ           delay(500);
                    digitalWrite(2, LOW);    2番ピンのLEDが消える
0.5秒待つ           delay(500);
                    digitalWrite(3, LOW);    3番ピンのLEDが消える
0.5秒待つ           delay(500);
                    digitalWrite(4, LOW);    4番ピンのLEDが消える
0.5秒待つ           delay(500);
                  }
```

高速点滅でゾートロープ

このようにコマ割りで絵を描き、回転させる仕組みをつくります。

Arduinoのプログラムは「delay();」でも使いましたが、かっこの中に時間を指定します。その時間は1000で1秒、つまり1ミリ秒単位でコントロールすることができるのです。例えば、1ミリ秒LEDが光って99ミリ秒消えているというプログラムを組めば、1秒間に10回、瞬間だけ光るストロボライトができあがります。この光のもとで絵を描いたコマを回せば、簡単なアニメーション装置になります。

回路図

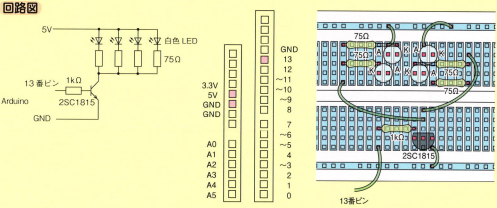

プログラム

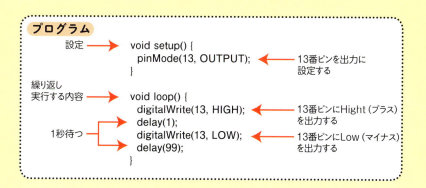

```
設定          void setup() {
                pinMode(13, OUTPUT);   ← 13番ピンを出力に
              }                           設定する

繰り返し      void loop() {
実行する内容    digitalWrite(13, HIGH);  ← 13番ピンにHight（プラス）
                delay(1);                  を出力する
1秒待つ        digitalWrite(13, LOW);   ← 13番ピンにLow（マイナス）
                delay(99);                 を出力する
              }
```

PWMでLEDを調光する

アナログ的な出力で制御

　ArduinoはLEDが点灯するか、消えるかのデジタル的な表現ではなく、アナログ的な出力も可能です。これはパルス幅変調（PWM、61ページ参照）と呼ばれますが、LEDの調光なども簡単にプログラムを組むことができます。ただし、このアナログ出力ができるピン番号は決まっており、基板上数字の前に「～」がついているピンになります。146ページの回路はそのままで、13番ピンを11番に変更し、プログラムを書き換えてみましょう（6-14）。

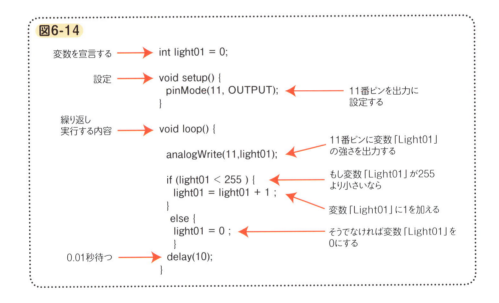

図6-14

```
int light01 = 0;              ← 変数を宣言する

void setup() {                ← 設定
    pinMode(11, OUTPUT);      ← 11番ピンを出力に
}                                設定する

void loop() {                 ← 繰り返し
                                 実行する内容
    analogWrite(11,light01);  ← 11番ピンに変数「Light01」
                                 の強さを出力する

    if (light01 < 255 ) {     ← もし変数「Light01」が255
      light01 = light01 + 1 ;    より小さいなら
    }                         ← 変数「Light01」に1を加える
     else {
      light01 = 0 ;           ← そうでなければ変数「Light01」を
     }                           0にする
    delay(10);                ← 0.01秒待つ
}
```

　変数を使い、PWMの強さを設定しています。ここでは「Light01」という変数に１を加えて、数字を大きくしていくと同時に、出力の強さを変えています。PWMは256段階での分割ができるので、もし、「Light01」が限界の数字になれば0に戻す＝LEDを消す、という繰り返しになります。つまり、LEDはだんだん明るくなり、ぱっと消えて、まただんだんと明るくなるという繰り返しになります。

外部部品で調整する

可変抵抗器を使ってPWMで調光する装置です（**6-15**）。先の回路に可変抵抗器を接続します。中間端子をアナログ入力端子のA0番ピンに、両端の片方は電源プラス、もう片方は電源マイナスに接続します。

図6-15

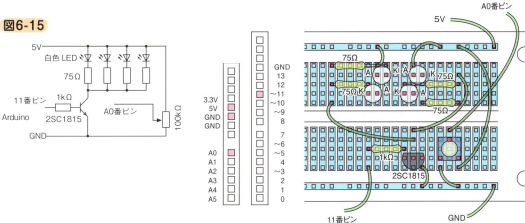

プログラム上の変数「sensor01」には可変抵抗器のツマミの位置によって0～1023までの1024段階の数値が入ります（**6-16**）。PWMは256段階なので、これを4で割った数字で11番ピンに出力します。

図6-16

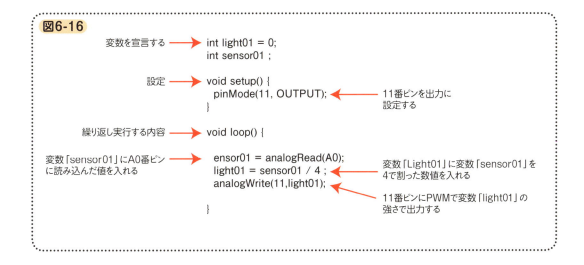

変数を宣言する →
```
int light01 = 0;
int sensor01 ;
```

設定 →
```
void setup() {
    pinMode(11, OUTPUT);
}
```
← 11番ピンを出力に設定する

繰り返し実行する内容 →
```
void loop() {
```

変数「sensor01」にA0番ピンに読み込んだ値を入れる →
```
    ensor01 = analogRead(A0);
    light01 = sensor01 / 4 ;
    analogWrite(11,light01);

}
```
← 変数「Light01」に変数「sensor01」を4で割った数値を入れる

← 11番ピンにPWMで変数「light01」の強さで出力する

Arduinoでセンサーを使う

回路図

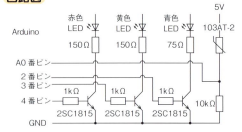

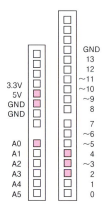

サモダスのマイコン制御版

サーミスターを使って簡単な温度計をつくってみましょう。サーミスターはシンプ

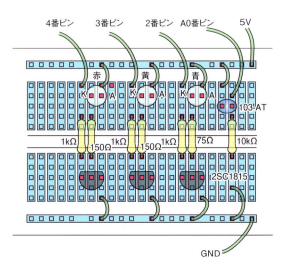

ルな温度センサーで、温度が上がると抵抗値が下がることで電気信号を得ます。ここで使う103AT-2は25℃で10kΩを基準として、30℃で約8.3kΩ、35℃で約7kΩと抵抗値が下がります。149ページの例で、可変抵抗器を使ってプラスとマイナスの抵抗値の比を1024段階の数値にしたことを踏まえ、固定抵抗器10kΩを直列に接続し、下のようにここをアナログ入力にすると、

10kΩ÷（サーミスターの抵抗値＋10kΩ）×1024

という式で数値が求められます。具体的には25℃で511、30℃で約560、35℃で約600という数値になります。

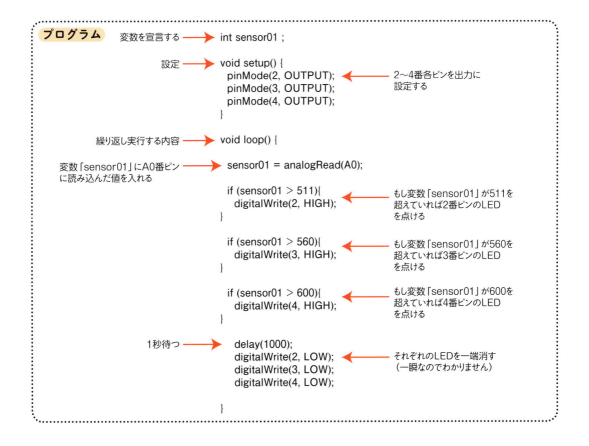

プログラム

変数を宣言する →
```
int sensor01 ;
```

設定 →
```
void setup() {
    pinMode(2, OUTPUT);
    pinMode(3, OUTPUT);
    pinMode(4, OUTPUT);
}
```
← 2〜4番各ピンを出力に設定する

繰り返し実行する内容 →
```
void loop() {
```

変数「sensor01」にA0番ピンに読み込んだ値を入れる →
```
sensor01 = analogRead(A0);
```

```
    if (sensor01 > 511){
        digitalWrite(2, HIGH);
    }
```
← もし変数「sensor01」が511を超えていれば2番ピンのLEDを点ける

```
    if (sensor01 > 560){
        digitalWrite(3, HIGH);
    }
```
← もし変数「sensor01」が560を超えていれば3番ピンのLEDを点ける

```
    if (sensor01 > 600){
        digitalWrite(4, HIGH);
    }
```
← もし変数「sensor01」が600を超えていれば4番ピンのLEDを点ける

1秒待つ →
```
    delay(1000);
    digitalWrite(2, LOW);
    digitalWrite(3, LOW);
    digitalWrite(4, LOW);

}
```
← それぞれのLEDを一端消す（一瞬なのでわかりません）

ケースづくりのコツ

電子工作と言えば、電子部品を使って機能のある回路を組むことですが、つくった作品をどう使うかということも、考えておくべき重要な要素のひとつです。従って、用途に合ったデザインをすることも大切で、例えば持ち運べるラジオなのか、据え置き型のラジオなのかで、形も大きさも、使う素材も異なってきます。

素材の知識と加工技術を身につけておけば、電子工作だけでなく、どんな工作にも応用できるでしょう。ここではいくつかの素材を挙げながら、主に電子工作のケースや筐体加工に関して紹介します。

●ボール紙・ダンボール

身近で加工しやすい素材です。ハサミやカッターで切ることができ、のりなどの接着剤、両面テープやセロハンテープなどで接合することができます。基板や電池ボックスを両面テープで貼りつけるだけで、装置のベースにできますし、箱型にして装置を保護することもできるでしょう。

ボール紙で筐体を
つくった工作例。

切る

➡ ハサミ、カッター

あらためて使い方を説くまでもないのですが、ハサミは親指と人差し指、中指などで握ることで2枚の刃が重なり、テコの原理でせん断する道具です。

カッターは刃を押し当てて切断する道具です。そのまま紙素材をカットすると下地（机など）まで刃が食い込むので、カッターマットなどの上で作業しましょう。これは、机の表面を保護することも目的ですが、カッターマットに刃先が食い込むことで、きれいに切ることができます。

直線を切る場合は定規を使いますが、これも力の入れ具合にコツがあり、ある程度の習熟が必要です。また、プラスチック定規などの場合、定規のほうを削ってしまったり、傷つけてしまうこともよくあるので、慎重に行いましょう。

刃の進む方向に手があると、勢いがついてしまった時に思わぬ怪我をすることがあるので要注意です。

接着

➡ のり、接着剤

　紙でつくるのなら、接合はでんぷんのりでも構いません。もちろん木工用、合成ゴム系、エポキシ系などの接着剤も使えます。瞬間接着剤の場合は、用途に合ったものでないと、うまく接着できないことがあります。

　普通の接着剤は、乾いて固まるまで時間がかかる場合があるので、時間制限のある加工には不向きですが、紙をシッカリ固定することができます。

➡ 両面テープ、セロハンテープ

　紙の接合には両面テープも使えます。両面テープは非常に簡単に貼れるので、時間短縮にもつながります。ただし、粘着力の強いものと弱いものがあるので、使う部分によっては強度を確認しましょう。

●木工

　電子工作で木工はイメージがわかないかもしれませんが、スピーカーボックスなどには音質の面からも多用される素材です。また、レトロ風に仕上げたりする時に使うと雰囲気が出ます。

電動ドリルドライバーはいろいろ使えて便利です。

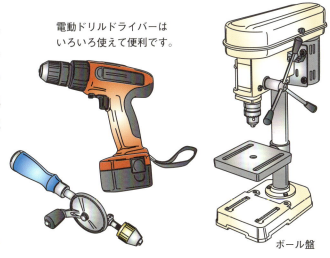

ボール盤

切る

➡ ノコギリ

　木材は、木工用のノコギリを使ってカットします。縦引き横引き、あるいは合板用など、板材によって使い分けましょう。

接着

➡ 接着剤

　木の接着には、主に木工用接着剤を使います。乾いて固まるまでしっかり固定できるようにしましょう。エポキシ系接着剤も使えます。合成ゴム系は面と面を貼り合わせる時には有効ですが、小口を貼り合わせるには接合面積や構造にもよりますが、強度が足りない場合があります。両面テープなどは使えません。瞬間接着剤は、木工用なら大丈夫です。

穴あけ

➡ ドリル

　鉄鋼用のドリルも使えますが、木材に大きめの穴をあける場合は木工用を使うとよいでしょう。

●プラスチック・アクリル

既存のプラスチックケースを利用することもできますし、アクリル板などを加工してオリジナルのケースをつくるのもよいでしょう。特に、アクリル板を2枚使い、スペーサーを間に入れて、ネジでとめるサンドイッチ型のケースは、オリジナル性の高いものをつくることができます。加工箇所も少なくてすみ、便利できれいな仕上がりが見込まれます。

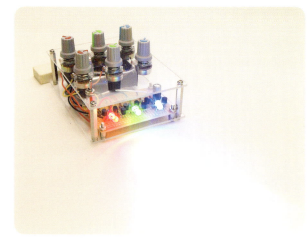

アクリル板を筐体にした作例。

切る

⇨ プラスチックカッター

薄いプラバンなどは普通のカッターでも十分切ることができるでしょう。しかし、1mm以上の厚さになると難しくなります。この場合はプラスチック用のカッターを使います。普通のカッターは先の尖った部分で切り裂くのですが、プラスチックカッターは刃で素材を削るように、何度も少しずつ切り込みを入れて、最後に折り取ります。

紙をカッターで切る場合は寸法をそのまま切ればいいのですが、厚いプラバンやアクリル板、塩ビ板などを切る時は、刃の厚さを考えて削りしろを取っておかないと、余計に削れてしまいます。

また、削って切るので、どうしてもバリが残ります。これはヤスリ、サンドペーパーなどできれいに磨きあげます。

接着

⇨ 接着剤

接着剤は専用のものを使います。プラバンはプラスチック用、アクリル板はアクリル用、塩ビ板は塩ビ用です。これらは、それぞれの素材の表面を溶かして溶着します。他に瞬間接着剤など、専用でなくてもプラスチックの接着ができる接着剤もあります。

⇨ ネジどめ

ドリルで開口した後、ネジどめすることで、強度のあるケースをつくることができます。M3（太さ3mm）のナベ小ネジ、サラ小ネジ、ナットなどは便利に使えます。

⇨ テープ、両面テープ

プラスチックは両面テープで接合することもできます。紙と違って表面繊維がはがれることがないので、うまくはがせば何度も貼り替えることができます。ただし、テープ自身が破れてしまうことがあります。また、粘着力の強いものと弱いものがあり、接着強度に差があります。

穴あけ

⇨ ドリル

プラスチックに穴をあける場合はドリルを

使います。例えば、スペーサーを使ったり、ネジどめしたりする場合など、ドリルで適した大きさの穴をあけます。プラバン、アクリル板にトグルスイッチ、可変抵抗器などの部品を取りつける場合も、穴をあける必要があります。

ドリルの刃は、いろいろなサイズのものがありますが、3〜4mm程度までであれば、プラスチック用の半月ドリルがオススメです。ホームセンターで入手できる鉄鋼用のものではプラスチックには刃先が鋭すぎて、割れてしまうことがあります。大きな穴は、小さい穴をあけた後に、リーマーなどで広げるとよいでしょう。

その他、大きな四角い穴をあける場合は、形に沿って、ドリルで内側にたくさんの穴を連続的にあけて切り抜き、ヤスリで磨いて仕上げましょう。

仕上げ
➡ ヤスリ、サンドペーパー

カットした断面や、穴あけの仕上げに使います。ヤスリは金属用のものが使えます。激しく擦りすぎると、ヤスリの表面に摩擦熱で溶けたプラスチックが付着するので、その時はワイヤーブラシなどで取り除きます。

サンドペーパーは、200番でバリなどの仕上げを行います。表面を磨く場合は400〜1200番の耐水ペーパーを使い、順に番数を上げて磨きます。最後は、仕上げ用の研磨材で磨くときれいになります。

●アルミケース

アルミケースは、既存のものが種類豊富にそろっているので非常に便利です。穴あけなどはプラバンと同じように加工できます。

切る
➡ 金ノコ

アルミ板を切るためにはカッターは使えません。金ノコを使って切りますが、アルミ板を単独で加工することは少ないので、あまり出番はないかもしれません。

穴あけ
➡ ドリル

穴あけ加工にはドリルが必要です。ドリルの刃は金属用、特にアルミ用があればベストです。

仕上げ
➡ ヤスリ

プラバンと同じようにエッジ処理などに使います。アルミは金属の中では軟らかいほうなので、ヤスリの目が詰まることがあります。その時は、ワイヤーブラシでヤスリをクリーニングしましょう。

➡ ニブラー

アルミケース加工用に、ニブラーという工具があります。ハサミのようにサクサクとアルミ板を切ることができます。

電子部品図記号

　回路図に使われる電子部品の図記号は基本的にJIS（日本工業規格）で標準化されています。これはさまざまな部品をそれぞれ独自のデザインで設計すると異なる解釈が生じ、混乱を招くことになるので、標準を決めているわけです。ただし、技術開発の進歩により、都度見直しが行われ、追加や修正が行われております。本書では基本的に2018年1月現在の新しいJISに従ったものを使っております。以下、参考として本書で扱っている主な部品の図記号について、旧JIS、新JISの記号を一覧にしました。

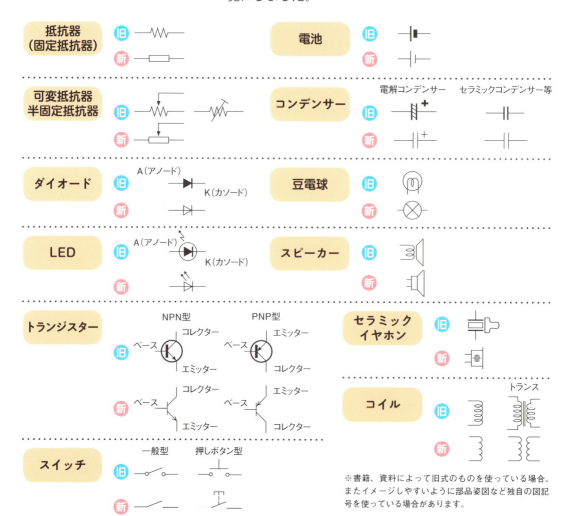

※書籍、資料によって旧式のものを使っている場合、またイメージしやすいように部品姿図など独自の図記号を使っている場合があります。

工具の手入れについて

　ニッパー、ハンダごてなど、電子工作の工具は使っていると愛着もわきますが、手入れをしないと錆びたり、うまく使えなくなったりします。普段から大切に扱うことはもちろん、きちんと手入れを行うと工作のクオリティも上がります。

ラジオペンチ・ニッパーの手入れ

　ラジオペンチやニッパーは刃物ですから素材は鋼、鉄です。汗ばんだ手で使い、そのままにしておくとすぐに表面が錆びてしまいます。そのままにしているとサビで刃が開かなくなったり、硬くなります。その場合は機械油、防錆油などを使ってよく開閉すれば動きは改善されます。ただし、部品の端子を切る時に、この機械油が部品についてしまうので、使う時には状態を見て、必要であればきれいにふき取った後に使うとよいでしょう。

　機械油でハンダづけや接続がうまくいかなかったり、部品自体を壊してしまうこともありますので注意してください。ステンレスの工具であればサビの心配はありませんので、切れ味に問題がなければ使いやすいものを選びましょう。

　無理に固いものを切ったりすると、刃部が欠けたりするので、普段から正しい使い方をすることが重要です。

ラジオペンチ

ニッパー

ハンダごての手入れ

　ハンダごては、主にこて先部分の手入れによって使い勝手がかなり変わります。新しいものでも一端電源を入れれば、その後は劣化の一途をたどります。特にこて先は電源を入れてそのままにしておくと表面が酸化したり、不要物が付着変質し、ハンダがうまくのらなくなります。そうすると熱が端子などに行き届かなくなりハンダづけができなくなります。これは目で見るとすぐにわかりますが、こて先が黒くなっていたり、ハンダめっき部分がなくなっていたりします。

ハンダごて

こて先が銀色になっていることが大切

　これを改善するには、まずハンダごてのメーカーが出しているこて先活性剤を使うといいでしょう。「Tipリフレッサー」、「ケミカルペースト」などの商品名がついています。こて先にクリーム状の活性剤をつけることで、こて先が銀色になって復活します。

　もうひとつの方法は、少し乱暴ですが、ヤスリ、サンドペーパーなどでこて先表面を削ってしまうことです。この方法はこて先の素材によって有効ではない場合もあり、メーカーでも保障していませんので、自己責任で行ってください。熱をもったままのこて先をペーパーで擦り、きれいになった瞬間にハンダをのせてハンダめっきします。

　こて先がきれいにハンダめっきされていればきれいにハンダづけできます。作業の最後にこて先がハンダめっきされているかを確認すると、次に使う時に気持ちよくハンダづけできますね。

「Tipリフレッサー BS-2」。黒くなったこて先をリフレッシュさせることができます。

さくいん

著者略歴

伊藤尚未

いとう・なおみ　筑波大学在学中に第3回オムニアートコンテスト最優秀賞を最年少で受賞。1987年の個展「展開」を皮切りに、さまざまなオブジェを世に問い、1993年名古屋国際ビエンナーレ・ARTEC' 93のグランプリなど国際的な賞を多数受賞している。1990年代には、幾何学的なオブジェ作品から、次第に動き、光、音を伴うものに変わり、芸術性と科学性を融合させた現在の作風を確立。電子回路技術と工作技術を活かして、2001年より『子供の科学』誌で電子工作の連載を開始する。2010年からはフリーのメディアアーティストとして独立。電子工作やおもちゃづくりのワークショップを展開するほか、大学や学習塾などで講師を務める。著書に『電子工作大図鑑』、『LED工作テクニック』、『子供の科学★サイエンスブックス よくわかる電気のしくみ』(すべて誠文堂新光社)、実験考案したキットに『光と色であそぶLED実験・工作キット』(誠文堂新光社) など。

STAFF

編集協力／寺西憲二
装丁・デザイン／大宮直人、RUHIA
イラスト／鈴木順幸
撮影／青栁敏史

工作テクニックと電子部品・回路・
マイコンボードの知識が身につく

電子工作パーフェクトガイド　NDC540

2018年1月11日　発　行
2022年4月11日　第4刷

著　者　伊藤尚未
発行者　小川雄一
発行所　株式会社 誠文堂新光社
　　　　〒113-0033　東京都文京区本郷3-3-11
　　　　電話03-5800-5780
　　　　https://www.seibundo-shinkosha.net/
印刷・製本　大日本印刷 株式会社